全球161國

陸軍戰力
完整絕密收錄

竹內 修 著

前言

「國防」是獨立國家必須達成的最底線責任。除了歐洲的小國列支敦士登等極少數國家之外，大多數國家都會籌建軍隊或等同於軍隊的組織。

本書收錄了聯合國承認的160個獨立國家，以及實際獨立卻不被聯合國承認的中華民國（臺灣）等，總計161國的陸軍，或與陸軍有同等功能的組織概要，介紹給大家。

陸軍這個組織，和空軍、海軍不同。除了硬體方面的質與量之外，還包含了活生生的士兵人數、戰技精良度，以及士氣高低等因素。所以，本書和這個系列的姊妹作《全球164國空軍戰力完整絕密收錄！》、《全球123國海軍戰力完整絕密收錄！》不一樣，並沒有太多有關於硬體的記載。

筆者蒐集各國兵力等各種資料，整合在一起，盡可能以最新的數據來做介紹。但是，有關利比亞、敘利亞、烏克蘭等目前仍處於紛爭狀態的國家，還有從不公開真實狀況的北韓等國家，筆者不願意使用那些以既有資料推測出來的數據。另外，有些照片難以取得，不得已只好刊載舊照片，請讀者見諒。

竹內修

2014年9月

▶數據的判讀方式

「戰鬥力」是來自兵員人數、戰車、步兵戰鬥車等戰鬥車輛、火砲、攻擊直升機持有的數量與性能。「機動力」的標準，是裝甲運兵車、輕裝甲車、多用途4WD車、運輸車輛、運輸直升機的數量與性能。「支援力」是指預備役等兵員，和戰時能夠運用的準軍事組織人數。「訓練、教育」是看有無同盟國進行聯合訓練及演習，有無參與PKO和實戰經驗等具體經歷，以及國內紛爭（犯罪和政變等）的次數多寡來做評斷。「先進化」指的是部隊武器的新舊、有無國產能力、網路戰爭能力、對抗非正規戰的能力，還有與海空軍聯合運用的次數，所歸納出的數值。

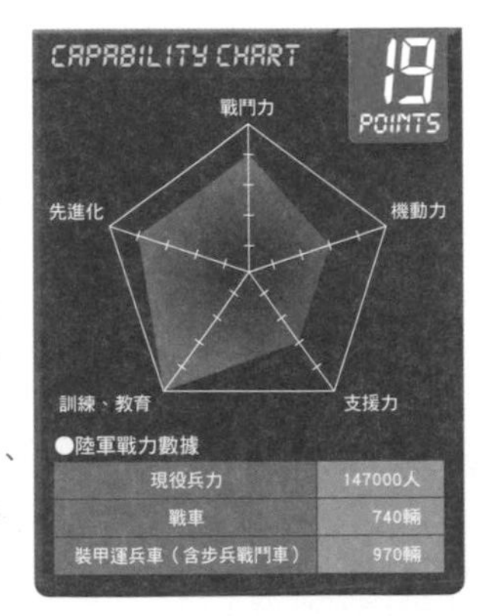

全球161國陸軍戰力完整絕密收錄
Contents

Section 1 東亞地區 17

Section 2 北美洲 45

Section 3 歐洲 57

Section 4 西亞地區 101

Section 5 非洲 127

Section 6 中美洲 163

Section 7 南美洲 173

Section 8 大洋洲 187

Strategic Column

Army Column

在德州本德堡郡舉行的閱兵遊行中出現的M1艾布蘭戰車。 攝影：Ed Uthman

M2布萊德雷步兵戰鬥車。除了3名基本成員之外，還能搭載6名全副武裝的步兵班，必要時還可以下車戰鬥。 攝影：美國陸軍

2014年舉行的富士綜合火力演習中，10式戰車的射擊畫面。　攝影：陸上自衛隊

重點配置在北部方面隊，戰後第3代國產90式戰車。　攝影：陸上自衛隊

俄羅斯開發的T-90系列中的T-90SM戰車，在砲塔後上方設有遙控機槍，並且採用升級的光學儀器。 攝影：Niruku

中華人民共和國紀念建國60週年舉行的閱兵分列式中，通過前方的99式戰車。
攝影：hummerhei;i2008

搭載55倍徑120mm滑膛砲的德國陸軍豹2A6型戰車。
攝影：美國陸軍

法國雷克勒戰車，搭載的主砲可在1分鐘內同時追蹤、攻擊6個目標。 攝影：Rama

在伊拉克巴斯拉的英國挑戰者2型戰車。英國曾將這型戰車投入伊拉克戰爭中。

攝影：英國國防部

以色列開發的梅卡瓦主力戰車（Merkava，希伯來文馬戰車的意思）。引擎設在前方，是極力保護內部成員的高生存性設計。

攝影：以色列國防軍

日本周邊的陸軍戰力與改變中的陸上自衛隊

這十年來發生重大變革的組織與裝備

日本陸上自衛隊（簡稱陸自）自1954年創建以來，到2011年這段期間，都是依照「基礎防衛力」來建構的，主要目的在於當日本遭逢有限度小規模侵略時能夠自行防衛。而陸上自衛隊也確實依循建構方針，平均部署在日本列島上。

但是從2011年起，防衛大綱出現變化，因為近年來極有可能發生東西兩大陣營再度對決的局面，威脅非常明顯。

例如，中國在日本的西南群島任意進出，北韓研發核武和彈道飛彈，國際恐怖主義活動和網路資訊戰等，這些新出現的、具有機動性的威脅，需要採取新的解決辦法，所以自衛隊的方針也轉向「動態防衛力」的設定。

在2013年底訂定的防衛大綱，將動態防衛力進化為「綜合機動防衛力的整備」。

這個全新方針，要求陸海空自衛隊在今後五至十年的期間內，大幅度改變裝備與組織，其中，陸上自衛隊的變革尤其明顯。

設置5個方面隊的陸上自衛隊

變革之一，就是增設了陸上總隊。航空自衛隊（空自）設有統籌防空戰鬥部隊的航空總隊，海上自衛隊（海自）設有將護衛艦隊、潛水艦隊、航空隊整合在一起的自衛艦隊司令部。同樣地，陸上自衛隊被劃分成北部、東北、東部、中部、西部5個方面隊，在「有事」（緊急狀況）之際，要由統合幕僚監部（相當於總參謀部）下達命令，務必在「事前」就讓各方面隊做好協調。

過去，由方面隊來指揮轄下部隊作戰的架構，是為了對抗一定規模的敵軍入侵而設計的，在當時確實有效。但是，現在需要對抗恐怖分子和游擊隊，以及防衛離島或海外派遣等任務，全國的部隊都要做機動性調度，若是做不到，效率就會惡化。再加上陸自要和海自、空自整合運用，在部隊間的調整上有相當的難度。

至於新創建的陸上總隊，是5個方面隊的上級單位，由位階僅次於陸上幕僚長的陸上總隊司令官來指揮。除了統一指揮之外，還和航空總隊、自衛艦隊司令部，甚至美軍合作，具

陸上自衛隊將全國區分為5個方面隊

有整合調度指揮的功能。現在的陸上總隊是用中央即應集團（中央快速反應部隊）重新整編而成，原本隸屬於中央即應集團的第1空挺（空降）團、第1直升機團、特種作戰群等，都改成陸上總隊的直屬部隊。

另外，日本現有的15個師團（相當於師）和旅團（相當於旅）的部隊中，暫時不談裝甲師團第7師團（千歲）、政經中樞師團的第1師團（練馬）與第3師團（伊丹），以及防衛離島的第15旅團（那霸）這幾支部隊，其他的師團和旅團都加強了機動性和警戒監視能力，改編成機動師團和機動旅團。

能夠因應各種狀況的即應機動（機械化）連隊

機動師團和機動旅團的編制如何？目前還不明確，但主要目標已經確立，就是要把部隊調整成隨時都能應變各種局勢的機動連隊（相當於團）。

即應機動連隊（快速反應連隊）源自於普通科（步兵），不過已經得知他們將會統一採用同款式的輪型裝甲車。部隊剛成立時採用的主力裝甲車，是目前陸上自衛隊的主力96式輪型裝甲車。但是，將來預計要換成提高防禦力、增加車內空間的改良型輪型裝甲車。

即應機動連隊的主要火力是迫擊砲，但為了因應敵方裝甲車輛，必須配備新開發的機動戰鬥車才行。

機動戰鬥車搭載著74式戰車所採用的同款105mm戰車砲，用來對付主力戰車之外的各種裝甲車，火力已經綽綽有餘。而且，輪型裝甲車的速度比戰車快得多，甚至能在公路上以100km以上的時速行駛，因此，抵達戰鬥位置的速度更快。在可見的未來，機動戰鬥車除了優先撥交給機動師和機動旅之外，也將配備在本州的師和旅之中。

再者，若是島嶼遭到入侵時，必須立刻重新登陸，奪回島嶼。為了達成任務，需要精通水陸的兩棲作戰，簡單說來，就是一個陸上自衛隊版的陸戰隊，這支部隊的規模估計介於連隊與旅團之間（2000-3000人左右）。

就目前來看，陸上自衛隊如果想要從事奪回島嶼任務，最欠缺的是敵前登陸時可以保護隊員、同時又能提供火力支援的車輛。因此，隨防衛大綱一起發表的中期防衛力整備計畫裡，提到要採購52輛水陸機動團用的兩棲登陸車。

截至目前為止，還不清楚要採用哪一款兩棲登陸車。很可能會先從美國陸戰隊那裡引進測試用的AAV7，包括人員運輸車型4輛，接下來是裝甲救濟車型1輛、指揮通訊車型1輛。

AAV7的水面航行時速是13km，地面行駛時速是72km，最多可搭載25名官兵和4.5噸物資。AAV7並不只有美國採用，韓國、中華民國、義大利等國的陸戰隊也有配備。

搭載機槍塔的AAV7A1。

裝備方面，已經決定要把戰車編制削減到300輛、火砲編制削減到300門。目前的規劃是把戰車集中在九州與北海道的部隊裡，至於本州原有的戰車部隊，都預定要換成前述的機動戰鬥車。

火砲由各方面隊直屬的特科部隊（砲兵部隊）集中部署運用。至於機動師團和機動旅團，預定要把牽引式FH70 155mm榴彈砲替換成新型火力戰鬥車輪型（自走砲），各方面隊直屬的特科部隊也會同時升級。

火力戰鬥車目前究竟開發到什麼階段，細節仍不明瞭。為了縮減研發經費，據說將回收使用重裝甲輪型回收車的車體，以及99式155mm榴彈砲的砲座等材料，這點應該沒有疑問。

即應機動師團、機動旅團除了機動力強之外，還非常重視監視能力。所以計畫引進小型無人機，能夠從空中發現游擊隊或特種部隊，還有偵測核能災變、蒐集前線情報等多重功用。

目前尚未決定要採用哪一種無人機，但是從陸上幕僚監部（相當於陸軍參謀部或陸軍司令部）現有的資料來看，應該會用陸上自衛隊已經實驗性運用的「掃描鷹ScanEagle」改良而成，造型酷似美國海軍與陸戰隊使用的RQ-21「整合者Integrator」這個等級的機種。

駐防相浦、極具潛力的傾斜旋翼機

傾斜旋翼機兼具了能夠垂直起降、飛行速度能和固定翼飛機比擬的優點，所以日本打算引進17架。

現在陸上自衛隊的運輸直升機的主力是CH-47J/JA，優點是酬載量大，但是最高航速最多只有時速295km，續航距離只有740km，完全比不上固定翼的C-130運輸機。因

正在起飛的美軍陸戰隊MV-22鶚式。

此，新引進的傾斜旋翼機，就是要來填補CH-47J/JA的不足。

現有的傾斜旋翼機有貝爾和波音公司開發、美國陸戰隊採用的MV-22鶚式Ospery，以及由奧古斯塔・偉士蘭研發中的AW609這兩款。只是，AW609還在研發，酬載量較小，無法用來取代CH-47J/JA。所以，MV-22成了唯一可選的機種。

MV-22的最高航速達到時速565km，遠超過CH-47J/JA的速度，即使搭載著4噸以上的物資，仍舊能保有1750km以上的續航距離（採用短場起飛時）。還有，MV-22是為了擔任艦載機而開發的機種，比CH-47J/JA更適合在海上自衛隊的艦艇起降。

在配備傾斜旋翼機的議題方面，日本的小野寺防衛大臣（2012年12月26日－2014年9月3日，2017年8月3日－）曾親臨佐賀縣佐賀機場，與佐賀縣知事懇談部署一事。雖然佐賀機場還沒有決定是否要部署，但要是可行，就等同於讓MV-22進駐到相浦駐屯地（營區），這樣就能讓水陸機動團得到更好的部隊間協同力量。

攝影：陸上自衛隊

Section 1

全球161國陸軍戰力完整絕密收錄

東亞地區

除了防衛國土，還要參與災害救援、提供國際貢獻

日本陸上自衛隊

Japan Ground Self-Defense Force

陸軍冷知識

陸上自衛隊給許多裝備取了綽號，例如輕型裝甲機動車簡稱「輕裝」，但是官兵們似乎不太領情。

在演習場中行駛的90式戰車（前方4輛）與74式戰車。 攝影：陸上自衛隊

日本在太平洋戰爭中戰敗，導致其陸軍解體。盟軍登陸占領日本之後，就打算把日本改造成一個非武裝的中立國。

但是，二戰結束沒多久，冷戰的沉重壓力隨即到來。自1950年韓戰爆發以來，主導盟軍的美國決定轉換方針。首先，是在日本國內建立一個足以維持治安的警察預備隊。這支警察預備隊後來改名為保安隊，到了1954年6月，又轉型成為能夠直接、間接對抗侵略、防衛國土，並在有需要時維護公共秩序的自衛隊。自衛隊的陸上部門，則稱為陸上自衛隊。

日本現在的陸上自衛隊兵力，包含常備自衛官14萬7000人、緊急時可徵召的預備役自衛官7000人，合計15萬4000人。此外，還有退役之後可以發出徵召令集合的預備役自衛官，以及接受過訓練卻沒有服役的預備自衛官等候補員額，約3萬3000人。（自衛官泛指官、士、兵）

陸上自衛隊大致區分為北部、東北、東部、中部、西部這5個方面隊，以及中央即

自衛隊校閱典禮時行進中的89式裝甲車。
攝影：陸上自衛隊

富士綜合火力演習中進行實彈射擊的10式戰車。　攝影：陸上自衛隊

陸軍冷知識
基於陸上自衛隊不是軍隊的這個大前提，警察廳在引進裝甲車時，會改稱為特型警備車。所以戰車也被改名為「特車」。

應集團，還有一些零星配置的單位。

編組方面，北部方面隊轄下擁有陸上自衛隊唯一的裝甲師第7師團，和第2師團、第5及第11旅團。東北方面隊轄下有第6及第9師團。東部方面隊轄下有第1師團和第12旅團。中部方面隊轄下有第3及第10師團，與第13及第14旅團。西部方面隊轄下有第4及第8師團，與第12旅團。

中央即應集團轄下擁有第1空挺（空降）團、第1直升機團、中央即應連隊、特種作戰群、中央特殊武器防護隊、對特殊武器衛生隊等部隊。至於情報、運輸、會計等後方支援單位，則是防衛大臣（相當於國防部長）的直屬部隊。

在冷戰時期，陸上自衛隊被設計成能夠獨自對抗有限且小規模侵略的部隊，並且必須駐紮於各地。不過，現在結構經過調整，改編成適用於大都市防衛的政經中樞型師團，以直升機為核心的空中機動旅團，以離

MLRS是自走式多管火箭。
攝影：陸上自衛隊

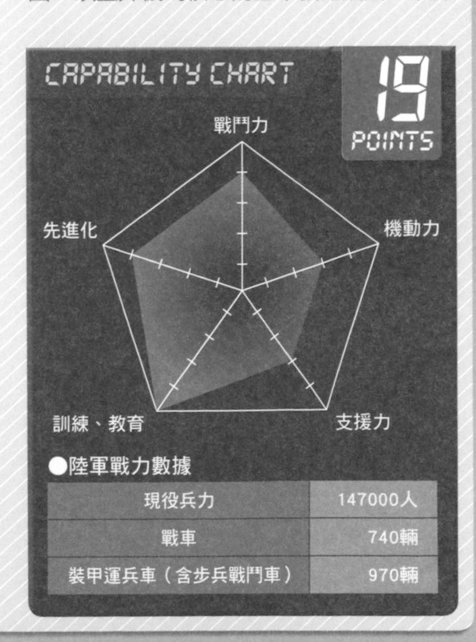

●陸軍戰力數據

現役兵力	147000人
戰車	740輛
裝甲運兵車（含步兵戰鬥車）	970輛

陸軍冷知識
陸上自衛隊很久以前曾受漁民請託，投入災害派遣任務，使用12.7mm機槍驅逐（射殺）海獅（結果遭到外國非議）。

在朝霞訓練場行進中的89式裝甲戰鬥車。 攝影：陸上自衛隊

島防衛為主要任務的離島型旅團等，能夠適應特定區域和裝備的部隊。

至於任務方面，除了創設以來就秉持的防範侵略、維持治安之外，還有參與聯合國PKO（維持和平部隊）活動等，對國際有所貢獻的工作，以及大規模的災害救援，也都列入任務範圍之內。

在創建當初，陸上自衛隊配備著美國提供的M4雪曼戰車。現在，已經汰換成10式戰車和90式戰車、輕裝甲機動車、89式步槍等國產裝備。此外，還有AH-64D攻擊直升機、MLRS（多管火箭系統）等，外國已經很普及，日本也獲得授權生產的武器。

發射除雷火箭的92式除雷車。 攝影：陸上自衛隊

在2013年12月發表的防衛大綱和中期防衛力整備計畫中，決定要大幅改良陸上自衛隊的組織，並且引進新型武器。詳情請參閱12頁至16頁。

訓練中的99式155mm自走榴彈砲。
攝影：陸上自衛隊

重視機動性，朝向組織與裝備現代化邁進

中國人民解放軍陸軍

People's Liberation Army Ground Force

在博物館中展示的99式戰車原型車。

陸軍冷知識

年輕人變少，導致先進國家欠缺陸軍人力，許多國家都為此困擾。中國則是因為一胎化政策，使得兵力缺乏的問題雪上加霜。

中國人民解放軍（中國陸軍）的前身，是昔日和日本軍、國民黨軍交戰的共產黨正規軍勞農工軍與八路軍，這些部隊後來整合起來，建立了陸軍。大多數國家的軍隊隸屬於國家，所以稱為「國軍」，但是人民解放軍並不是國家軍隊，而是中國共產黨的黨軍，這是明記在憲法中的法條。

中國陸軍的現役兵力多達160萬人，在緊急時還能再徵召50萬名預備役。另外，海軍轄下備有1萬2000人的海軍陸戰隊與海岸防衛隊，再加上兵力66萬人的人民武裝警察、兵力10萬的邊防部隊，以及大約7萬人的民兵組織。

陸軍劃分為瀋陽、北京、蘭州、濟南、南京、廣州、成都等七大軍區（註1），各軍區下擁有18個主力集團軍是主力。還有省軍區和軍分區轄下的邊防部隊。每個集團軍

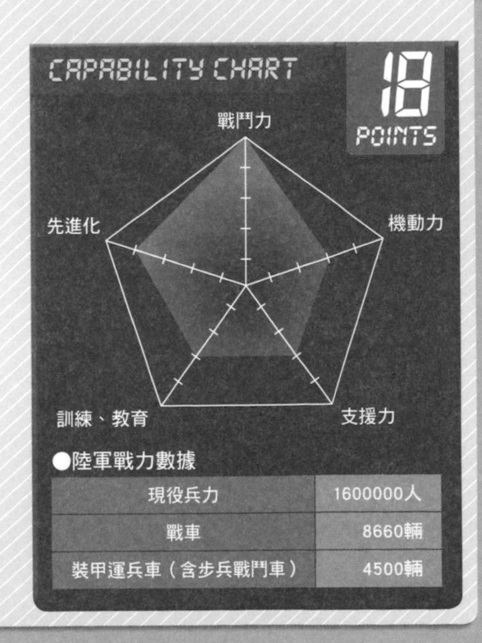

●陸軍戰力數據

現役兵力	1600000人
戰車	8660輛
裝甲運兵車（含步兵戰鬥車）	4500輛

陸軍冷知識

有一段時期，人民解放軍為了籌措軍費，必須經營旅館和開墾農場。

將前蘇聯T-54國產化的59式戰車。

是由數個步兵師、步兵旅，和1個裝甲師或裝甲旅構成。

在毛澤東主席的提倡下，陸軍採用的戰術是誘敵深入內陸、消耗敵軍戰力、用人海戰術消滅敵軍，這是「人民戰爭」的基本戰術。不過，中國走向改革開放之後，經濟核心的沿海大都市日益繁榮，無法當作「人民戰爭」的戰場。所以現在的戰略已經轉變，改在邊防之外進行「積極防禦」、「近海防禦」的戰法。

1991年波灣戰爭時，兵力占優勢的伊拉克軍敗給了採用現代化武器的多國聯軍，讓中國陸軍認識到裝備現代化的重要性。此後開始大幅刪減兵力，相對的則是引進更多高性能武器，把部隊改造成適應現代戰爭的架構。

閱兵分列中的97式步兵戰鬥車。 攝影：Dan

在北京市區行進中的97式步兵戰鬥車隊。 攝影：Dan

現在中國陸軍最重視的是機動性。過去配備63式履帶裝甲車和86式步兵戰鬥車的機械化步兵等部隊，目前都改為採用92式輪型步兵戰鬥車，趁此機會改編成輕機械化步兵部隊。

人民解放軍的一大問題就是貪汙。2012年時，負責後勤補給的總後勤部副部長因為貪汙舞弊而被逮捕。

造型和前蘇聯BMP-3很相似的97式步兵戰鬥車。 攝影：Dan

2008年四川大地震之際，察覺直升機數量不足，不易因應救災，因此積極加強直升機戰力。採用機種包括國產化的WZ-10攻擊直升機、授權生產的AS365N海豚式（國產的Z-9多用途直升機）、從俄羅斯引進的Mi-17運輸直升機，總共擁有超過500架的直升機。

再者，部分機械化步兵部隊轉而採用05式兩棲戰車和05式兩棲步兵戰鬥車，改造成兩棲機械化部隊，集中配置在廣州軍區，用來因應臺灣與尖閣諸島（釣魚臺）問題。

八輪的92式輪型步兵戰鬥車。 攝影：TMA_0

行進中的HQ-12防空飛彈發射車。 攝影：TMA_0

戰車方面，長久以來都是蘇聯提供技術、中國本土自製的T-54A（59式戰車）。到了1980年代後期，推出了新設計的80式戰車，又陸續推出85式、90式、96式等戰車。現在99G式戰車已經開發完成，實力足以和歐美國家的第三世代戰車匹敵。

亞洲少有兵力與裝備都很強大的陸軍

大韓民國陸軍

Republic of Korea Army

陸軍冷知識

韓國軍中的虐兵問題相當嚴重，尤其是陸軍，常有士兵被虐待而死，甚至有士兵因此拿槍掃射。

訓練中的K1戰車，被暱稱為88式戰車。 攝影：大韓民國陸軍

大韓民國陸軍（韓國陸軍）是第二次世界大戰結束後，由美國扶植的軍政府所建立的。當初只是要發展成南韓國防警備隊，不料警備隊才剛建立，就發生了韓戰。警備隊在韓戰中陷入苦戰，不過戰後慢慢的轉變成為可靠有效的陸軍，到了今天，已經成為戰力位居亞洲排名前列的陸軍了。

現在的韓國陸軍現役兵力有50萬1000人，能夠緊急徵召的預備役有450萬人，海軍轄下還有2萬8000名陸戰隊員。而且，有服過兵役的韓國男性（50歲以下）都被視為預備兵，還有一個被稱為民防隊的準軍事組織。至於美國陸軍，則是派駐了大約1萬8000人駐守在韓國。

實戰部隊中，包含駐防在南北韓軍事邊界東線的第1軍團、負責後方防衛的第2軍團、防衛軍事邊界西線的第3軍團等3個野戰軍

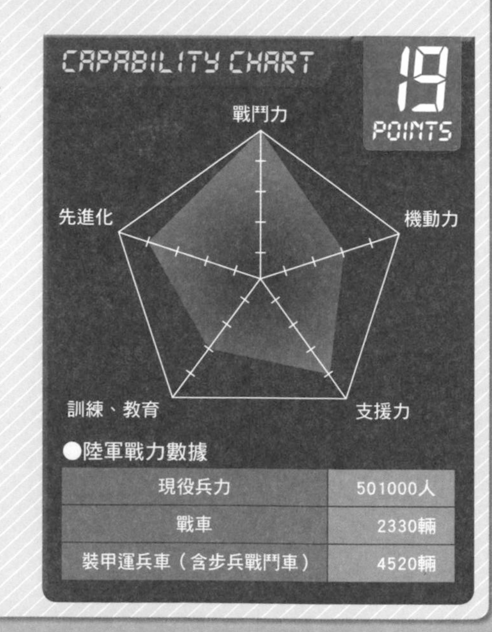

●陸軍戰力數據

現役兵力	501000人
戰車	2330輛
裝甲運兵車（含步兵戰鬥車）	4520輛

陸軍冷知識

韓國正在開發K2戰車與K21步兵戰鬥車，但是開發過程中屢屢遭遇問題（註2）。

K1戰車的正面特寫照。
攝影：大韓民國陸軍

團，以及防衛首都首爾為任務、由總統直屬的首都防衛司令部、負責特種作戰的特戰司令部，與運用飛機的航空作戰司令部等單位。之前提到的3個軍團中，第1軍團轄下有3個軍、第2軍團轄下有2個軍、第3軍團轄下有5個軍。

當初剛創建時，韓國陸軍採用美國提供的武器做為主力。進入1970年代以後，韓國逐漸走向武器自製國產化。現在的韓國陸軍擁有K1/K1A1戰車、K9式自走砲、KIFV裝甲運兵車等，主要武器幾乎都是自製的。

不過，當年美軍提供的M47/48戰車、M113裝甲運兵車等美國製武器，以及1990年代被當成清償債務用的俄羅斯進口T-80U戰車，與BMP-3步兵戰鬥車等外製武器，都繼續保留在陸軍裡。

飛機方面，包括AH-1F/J攻擊直升機、UH-60多用途直升機、CH-47運輸直升機等，是目前的主力，未來還預定要採用國產的多用途「完美雄鷹Surion」直升機（註3）。

韓國陸戰隊的AAV7兩棲突擊運輸車。
攝影：大韓民國陸軍

官兵人數眾多，但大都是舊式裝備

朝鮮人民軍陸軍

Korean People's Army Ground Force

北韓國產化的T-62戰車，又名天馬號。　攝影：朝鮮人民軍陸軍

陸軍冷知識

北韓陸軍擁有超過10萬名的特種部隊。據相關報導敘述，這些部隊接受過突襲攻占韓國仁川國際機場等重要設施的訓練。

朝鮮人民軍陸軍（北韓陸軍）建立於1947年，比北韓（朝鮮民主主義人民共和國）建國還要早半年。軍方司令是北韓的第一代領導人金日成，最初是與日本抗戰的游擊隊指揮官，後來由蘇聯提供裝備與訓練，成立了軍隊組織。

在韓戰初期，北韓軍以壓倒性戰力控制了大半個朝鮮半島，後來以美國為首的盟軍開始反攻，北韓軍敗退，韓戰陷入膠著。韓戰休戰期間，在蘇聯的後援下持續強化戰力，但是韓國在1970年代經濟飛躍成長，而冷戰結束後，又失去了蘇聯的支援，以致相對於韓國陸軍，北韓軍有逐漸減弱的態勢。

現在的北韓陸軍擁有遠超過韓國陸軍的95萬兵員，以及400萬名預備役。人民武力部轄下還有名為工農赤衛軍的準軍事組織

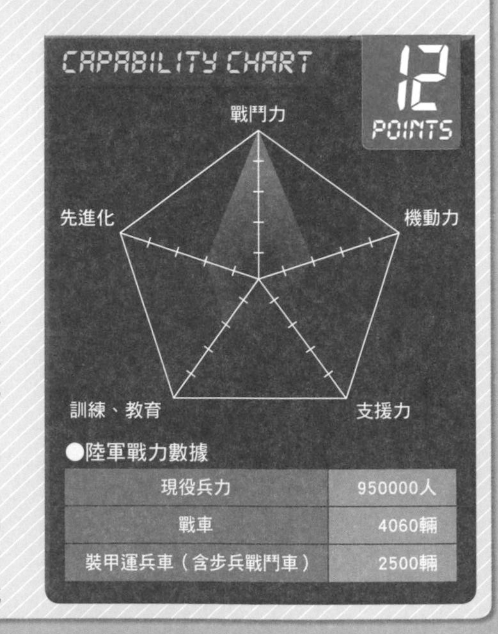

●陸軍戰力數據

現役兵力	950000人
戰車	4060輛
裝甲運兵車（含步兵戰鬥車）	2500輛

陸軍冷知識

北韓的特種部隊能力極強，每次入侵韓國，都讓出兵掃蕩的韓國陸軍陷入苦戰。

改良型VTT-323多管火箭車。 攝影：朝鮮人民軍陸軍

350萬人。

不過，官兵的薪資很不穩定，就連糧食配給都時有時無，有情報指出，士兵都要下田耕作或投入建設勞動，這比接受戰鬥訓練更重要。

由此推論，即使是特種部隊，訓練水準也相當差。

北韓陸軍的組織結構有許多未知之處，根據韓國國防部的分析，是以步兵為主，編組了8-9個軍、2個機械化軍等，總共有14-15個軍組成實戰部隊。

裝備大都是冷戰時期蘇聯所提供的，因此日益老化，有可能因為燃料不足，導致車輛運作率大幅降低。

北韓把暴風號和千里馬號兩型戰車視為國產武器，其實這些是用蘇聯提供的T-62戰車改良而成，實戰能力無法和韓國陸軍的K1相提並論。

但是在38度線一帶，北韓配備了許多蘇聯製的BM-21 122mm多管火箭發射器和國產M-1978 170mm自走榴砲，韓國首都首爾也在射程範圍內，因此武裝雖舊卻不可輕忽，仍舊帶有相當的威脅。

蘆洞彈道飛彈和賓士四輪傳動車。 攝影：朝鮮人民軍陸軍

從反攻大陸轉換成本土防衛

中華民國（臺灣）陸軍

Republic of China Army

陸軍冷知識

中華民國陸軍的配備一直朝現代化邁進，但是由於美國顧忌中國，導致購買武器受到限制，有些裝備遲遲無法升級。

用美國製M113為基礎研改而成的CM25拖式飛彈車。　攝影：中華民國國防部

中華民國陸軍（臺灣陸軍）創建於1924年。之後中華民國政府撤退來臺灣，逐步打造出現在的陸軍。

現在的中國民國陸軍的現役兵力（含憲兵）有20萬人，由職業軍人與徵兵募兵所構成。中華民國長期實施徵兵制（註4），倘若發生緊急情況，還能動員150萬名預備役。除了陸軍之外，海軍轄下備有海軍陸戰隊，官兵9000人。

實戰部隊區分為3個軍團，轄下保有機械化步兵旅、裝甲旅等單位。此外，還設有2個航空旅，以及2個特種作戰旅等直屬部隊。

中華民國陸軍在創建之初，為了達成反攻大陸的目標，配備了輕戰車等裝備。只不過，現在國防方針已經轉變。由美國提供M60A3戰車、AH-64E攻擊直升機、國產CM32「雲豹」輪型裝甲車等，以結構來看，比較適合本土防衛。

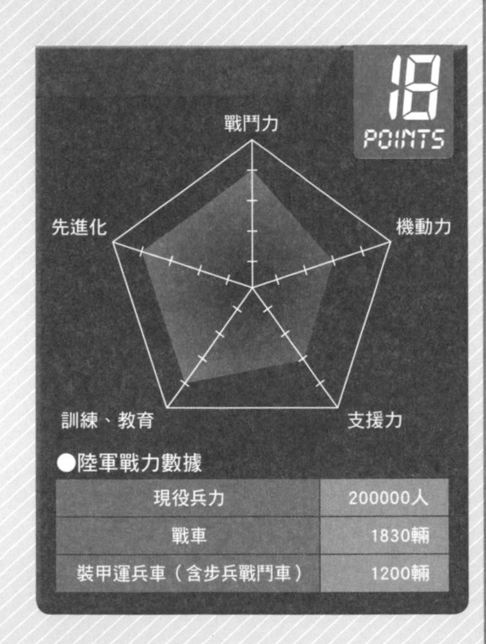

●陸軍戰力數據

現役兵力	200000人
戰車	1830輛
裝甲運兵車（含步兵戰鬥車）	1200輛

擁有超過3000輛的戰車

印度陸軍

Indian Army

在沙塵中與僚車一同訓練的T-72戰車。　攝影：印度陸軍

陸軍冷知識

印度自1970年代起就著手於國產「阿瓊Arjun戰車」的開發，但是歷經40多年，至今仍沒有達到實戰配備的目標。

印度陸軍源自於殖民地時代就編組完成的大英國協印度軍，在1947年印度獨立之後，重新整編成為印度陸軍。自從印度獨立建國後，歷經三次印巴（印度、巴基斯坦）戰爭與中印戰爭，還介入了斯里蘭卡內戰。

此外，印度也積極參與聯合國PKO（維和部隊）行動，派兵前往塞浦路斯、柬埔寨、黎巴嫩等國。

現在的印度陸軍保有官兵110萬人，緊急時可動員96萬名預備役。印度憲法規定採用徵兵制，不過從建國以來，從來沒有實施過徵兵，所有的官兵都是志願役。

實戰部隊包括4個輕機械化步兵師、3個裝甲師、18個步兵師、10個山地師、2個砲兵師、5個獨立裝甲旅、3個防空旅、2個地對空飛彈群、15個獨立砲兵旅、7個獨立步兵旅、1個空降旅、3個工兵旅，這些部

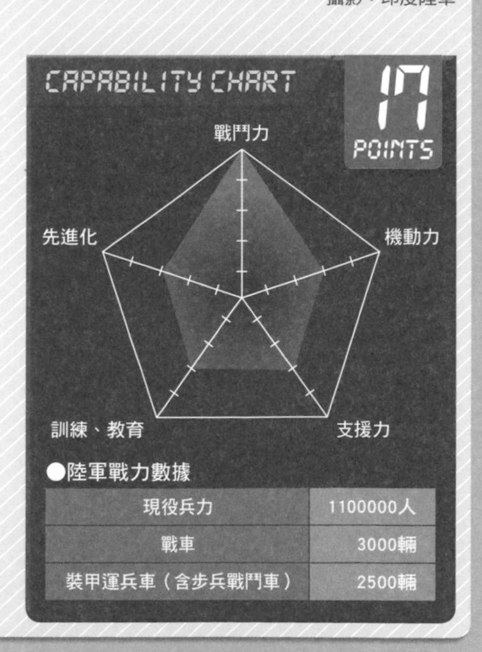

●陸軍戰力數據

現役兵力	1100000人
戰車	3000輛
裝甲運兵車（含步兵戰鬥車）	2500輛

陸軍冷知識

印度陸軍將鈴木汽車的輕型四輪傳動車「Jimny」列為制式車輛，而且採用多年。

印度陸軍正在進行戰車砲實彈射擊訓練。 攝影：印度陸軍

隊編配給6個司令部來管轄。

印度陸軍為了加強和中國軍事對抗的能力，預定在中印邊境配置的2個山地師之外，再追加另2個山地師組成的山地打擊軍。這個計畫一旦實現，印度陸軍的總兵力將會再增加10萬人。

印度陸軍的裝甲車輛無論質與量都很充實，配備俄羅斯製T-90S、T-90M、T-72戰車、國產勝利式Vijayanta戰車等超過3000輛戰車，另外還有俄羅斯製BMP-1/2等步兵戰鬥車3000輛以上。

印度陸軍負責整備運用彈道飛彈與巡弋飛彈，配備有烈火Agni IV洲際彈道飛彈、烈火II/III中程彈道飛彈，以及布拉莫斯BrahMos巡弋飛彈。

直升機是獲得法國航太（現在的空中巴士直升機公司）授權生產的獵豹式Chetak（Cheetah），以及俄羅斯製Mi-17做為主力，不過印度也開始採用自行生產北極星式Dhruv多用途直升機和樓陀羅Rudra攻擊直升機。UAV（無人飛行載具）則是從以色列引進170架以上的蒼鷺式Heron與搜索者式Searcher無人機。

正在進行防空射擊訓練的波佛斯40mm快砲。 攝影：印度陸軍

近年來積極引進重裝備

印度尼西亞陸軍

Indonesian Army

在閱兵時編隊通過的蠍式輕戰車。 攝影：印尼陸軍

陸軍冷知識

印尼陸軍創建時，得到二戰戰敗後遺留在當地的舊制日本軍官兵的協助，有些日軍甚至投入印尼與荷蘭的戰爭。

印尼（印度尼西亞簡稱）陸軍源自於向荷蘭挑戰獨立主權時組織的游擊隊，以及各地的本土防衛義勇軍，這些軍事組織整合在一起，成為印尼陸軍的基礎。

現在的印尼陸軍，志願役有23萬3000人，可以在緊急狀況時動員的預備役官兵40萬名。印尼是個由許多島嶼所組成的國家，因此印尼陸軍著重機動性，以營（大隊）為基本單位，將地面部隊配置在12個軍管區轄下。

除了陸軍以外，海軍轄下擁有2萬人左右的陸戰隊，警察轄下有1萬4千人的機動旅，專門用於維持治安。

長久以來，印尼陸軍都採用法國製AMX-13和英國製蠍式Scorpion輕戰車，這類機動性較高的裝甲車輛。不過，近年來似乎積極想要引進德國製豹2式Leopard戰車。

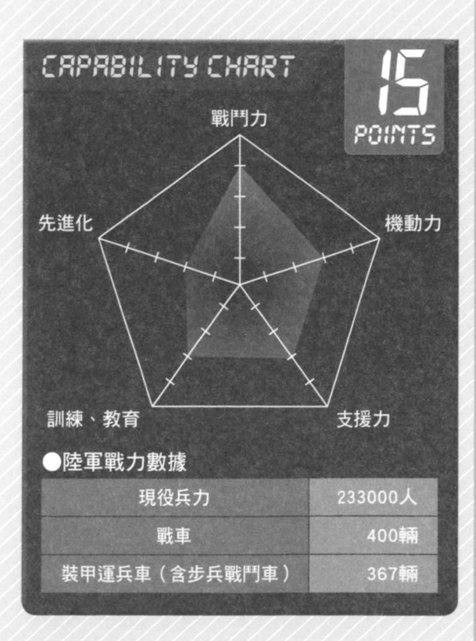

●陸軍戰力數據

現役兵力	233000人
戰車	400輛
裝甲運兵車（含步兵戰鬥車）	367輛

內戰終結後重新建構的陸軍

柬埔寨陸軍

Royal Cambodian Army

陸軍冷知識

重建之後的柬埔寨陸軍積極參與聯合國PKO行動，派遣陸軍和警察部隊前往剛果、蘇丹、查德等地。

引進150輛59式戰車。 攝影：柬埔寨陸軍

柬埔寨陸軍創建於1953年，但是在長期的內戰中，耗盡了國家軍隊的功能。現在的陸軍是內戰結束後，1993年在中國援助下重新建構的。

柬埔寨陸軍含現役官兵7萬5000人，組成12個步兵師、3個獨立旅、3個戰車營、1個特種作戰團，以及4個工兵團。

除此之外，各個省分還保有數個獨立營或獨立團，這些地方部隊的人數估算有5萬人。雖然柬埔寨沒有預備役，但是地方部隊和準軍事組織的民兵最多可動員10萬人。

主要配備是中國製59式戰車（150輛）、62式輕戰車（50輛）、97式自動步槍等，還有俄羅斯製T-54/55戰車（290輛）和BMP-1步兵戰鬥車（70輛）。不過，特種作戰團卻是採用歐美國家的裝備。

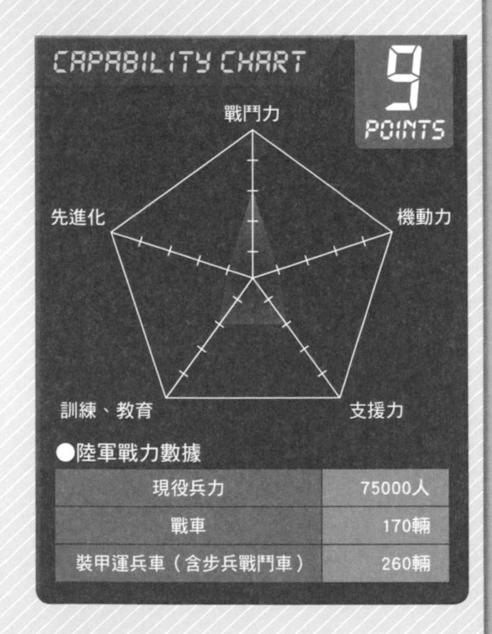

●陸軍戰力數據

現役兵力	75000人
戰車	170輛
裝甲運兵車（含步兵戰鬥車）	260輛

小巧卻精實的陸軍

新加坡陸軍

Singapore Army

新加坡國產的BIONIX式步兵戰鬥車。

攝影：新加坡陸軍

陸軍冷知識

新加坡男性公民都有服兵役的義務，但並非全都投入軍隊和準軍事組織，有些人會被調派到公共機構當員工。

新加坡陸軍創建於1971年，當時駐屯的英軍撤離，新加坡就成立了陸軍。新加坡國土雖小，但經貿實力強大，而且位於地理要衝，絕不能忽視國防。所以，陸軍雖然小，但裝備都保持現代化，戰力強大。

新加坡每個男性公民都要服2年兵役，現役的5萬名官兵中，有3萬5000人是徵兵。一旦遭遇緊急狀況，還能夠動員22萬名預備役。特種部隊與轄下的突擊兵營都接受美國海軍的海豹部隊（SEALs）的教育，訓練精良，在海外贏得極高的評價。

新加坡的準軍事組織也很充實，擁有人民防衛軍1800人、警察軍8500人，還有在警察指揮下的廓爾喀兵800人。

主力是德國製豹2式戰車、新加坡國產BIONIX式步兵戰鬥車，戰力相當可靠。

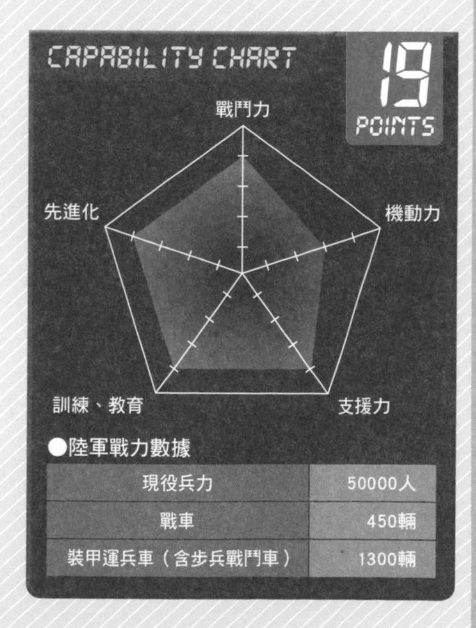

●陸軍戰力數據

現役兵力	50000人
戰車	450輛
裝甲運兵車（含步兵戰鬥車）	1300輛

四分之一個世紀的內戰

斯里蘭卡陸軍

Sri Lanka Army

陸軍冷知識

斯里蘭卡陸軍裡有個被稱為「女性軍團」的部隊單位，全部由女性組成，專門負責後勤支援。

在叢林中行進的T-55戰車，車身多處受損。 攝影：斯里蘭卡陸軍

斯里蘭卡陸軍的前身是1949年成立的錫蘭陸軍，到了1972年國體改為共和制，才改名為斯里蘭卡陸軍。1983年到2009年這段期間，斯里蘭卡與國內的少數民族塔米爾人組成的武裝部隊「塔米爾之虎」持續交戰，早已不是新聞了。

現在的斯里蘭卡陸軍擁有官兵11萬7900人，轄下有1個空中機動旅、1個突擊兵旅、1個特種部隊旅、1個獨立裝甲旅、3個機械化步兵旅、40個步兵旅。外加上本土防衛隊、國家警備隊等，在緊急時可納入軍方指揮的準軍事組織，兵員有9萬人。

陸軍創建當初，曾經配備薩拉丁Saladin偵察戰鬥車等、由前宗主國英國製造的車輛與武器，後來汰換成蘇聯（現在的俄羅斯）提供的T-55戰車和BMP-3步兵戰鬥車。近年來則是獲得中國提供的89式裝甲運兵車，裝備有向中國靠攏的趨勢。

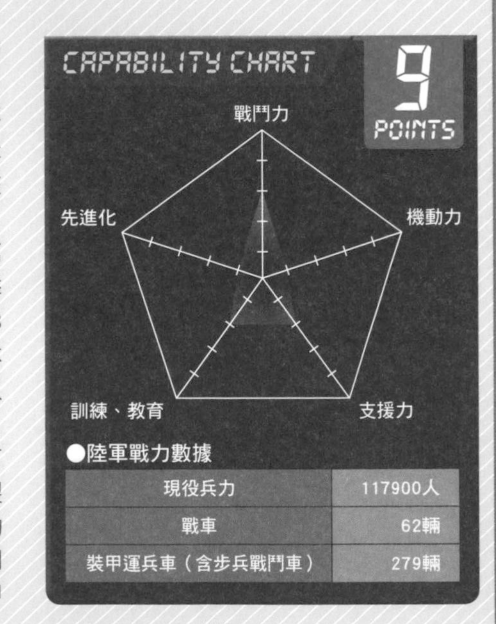

●陸軍戰力數據

現役兵力	117900人
戰車	62輛
裝甲運兵車（含步兵戰鬥車）	279輛

擁有政治影響力的陸軍

泰國皇家陸軍

Royal Thai Army

從美國引進的魟魚式Stingray輕戰車。 攝影：Mark Pope

陸軍冷知識

泰國陸軍擁有自己的電視臺，不過節目內容卻沒什麼軍事氣氛，播出很多連續劇和綜藝節目。

1874年創建的泰國陸軍，在泰國現代化的步調中占有重要地位，因為歷屆許多總理和閣員都是將官出身。

現在的泰國陸軍擁有現役兵力25萬人，其中包含職業軍人，以及抽籤徵兵的兵員所構成。

實戰部隊分為4個軍管區，轄下配置步兵師、裝甲師、騎兵師等單位。此外，還有陸軍直轄的2個步兵師、1個高射砲師、工兵團、航空隊、2個特種作戰師等部隊。

海軍轄下有2萬3000人的陸戰隊，至於邊防部隊和準軍事組織則有11萬兵力。

主力武器包括M60A3戰車、M48A5戰車、M113裝甲車、AH-1F攻擊直升機等，大都是美國製武器。另外，還有少量購買69-II式戰車與85式裝甲運兵車等中國製武器。

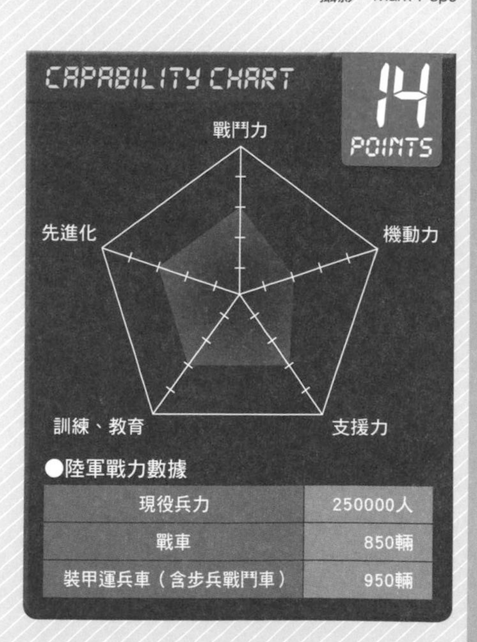

●陸軍戰力數據

現役兵力	250000人
戰車	850輛
裝甲運兵車（含步兵戰鬥車）	950輛

空降部隊的戰力強大

尼泊爾陸軍

Nepalese Armed Forces

陸軍冷知識

居住在尼泊爾的廓爾喀族非常勇猛，遠近馳名。現在英國陸軍中，還是備有廓爾喀傭兵部隊。

使用T-72底盤製造的戰鬥工兵車。 攝影：尼泊爾陸軍

尼泊爾政府在1996年至2006年期間，與國內的毛派（毛澤東）游擊隊爆發內戰，雙方和解後，王政被廢除，因此原名尼泊爾皇家陸軍的部隊，改名成為尼泊爾陸軍。

尼泊爾陸軍擁有9萬5000名現役軍人，轄下有小規模的航空隊。此外，還有指揮體系不屬於軍方的武裝警察約1萬5000人。

現在的軍方組織中，有3個步兵師、1個特種作戰旅、1個警衛旅、1個航空旅（航空隊）。

採用的裝備有許多是雪貂式Ferret裝甲偵察車等英國製武器，近年來又接收了美國製M16步槍、中國製WZ551裝甲車、印度製除雷裝甲車等。防空任務方面，由尼泊爾陸軍的航空旅負責，配備有印度製北極星式Dhruv直升機。

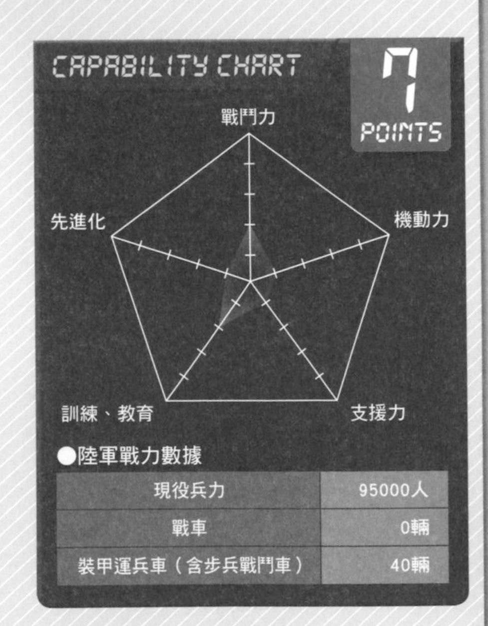

●陸軍戰力數據

現役兵力	95000人
戰車	0輛
裝甲運兵車（含步兵戰鬥車）	40輛

擁有強大政治影響力的陸軍

孟加拉陸軍

Bangladesh Army

中國製59式戰車的現代化改良型59P式。

攝影：孟加拉陸軍

孟加拉積極參與PKO行動，陸軍曾派遣維和部隊到剛果、黎巴嫩、蘇丹、帝汶等國。

孟加拉舊稱東巴基斯坦，1971年獨立建國後改稱孟加拉，陸軍也在同年創建。

孟加拉曾有2位陸軍將領成為總統，有一段時期曾經實施直接軍政統治，到了現在，陸軍仍舊在政府裡擁有強大的發言權。

孟加拉陸軍的現役兵力有12萬3000人，官兵都是志願役入伍的職業軍人。海軍轄下有個名為SWADS的水陸兩棲作戰特種部隊，內政部轄下擁有邊防部隊和警察預備隊等準軍事組織，還有原住民為了抵抗入侵者而成立的村落防衛隊，這是政府認可的民兵組織。

陸軍架構包含了7個步兵師、1個裝甲旅、20個砲兵營。

主要配備是69式戰車、59式戰車等中國製武器，因為中國與印度交惡，所以對孟加拉提供援助。

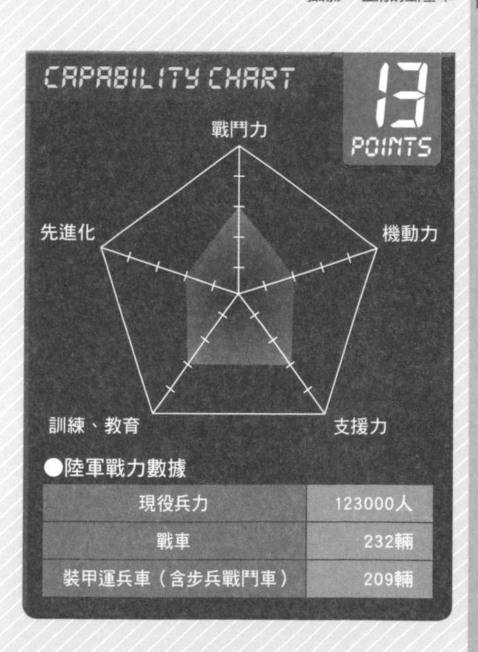

●陸軍戰力數據

現役兵力	123000人
戰車	232輛
裝甲運兵車（含步兵戰鬥車）	209輛

為了反游擊戰而專業化的陸軍

菲律賓陸軍

Philippine Army

陸軍冷知識

日本出品的動畫《波羅五號》（Voltes V）在菲律賓很受歡迎，菲律賓陸軍甚至把《波羅五號》的主題曲當作進行曲來使用。

和步兵協同訓練中的V-150突擊兵裝甲車。 攝影：菲律賓陸軍

菲律賓陸軍創建於1934年，當時菲律賓從美國管轄之下獨立建國，同時創設了陸軍。

第二次世界大戰後的菲律賓陸軍，常用來對抗農民運動推動者新人民軍，以及少數民族摩洛族組成的摩洛族解放陣線等擅長游擊戰的武裝集團。所以，菲律賓陸軍的組織、裝備都專業化成為反游擊戰專用。

現在的菲律賓陸軍擁有現役兵力6萬6000人，與陸上自衛隊即應預備自衛官的屬性相仿的CAFGE 4萬人、緊急時可動員的預備役10萬人。海軍轄下則有7500人的陸戰隊，還有4萬名維持治安的國家警察。

菲律賓採用組織較小卻更靈活的大隊（營）做為標準單位，部隊以步兵為核心。陸軍沒有配備主力戰車，主要的戰鬥車輛是英國製的蠍式Scorpion輕戰車，以及美國製V-150突擊兵Commando輪型裝甲車。

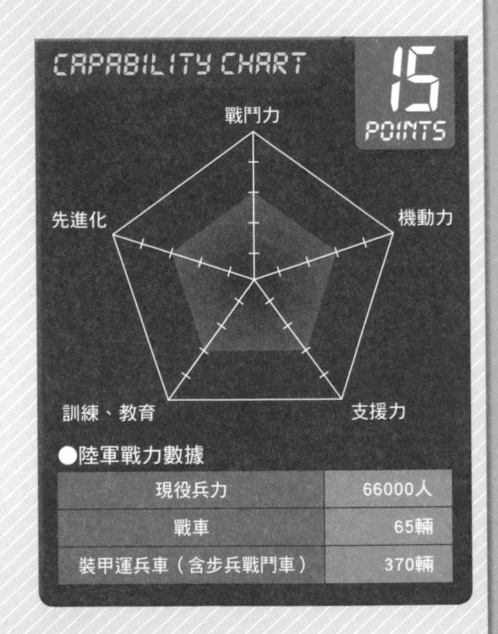

●陸軍戰力數據

現役兵力	66000人
戰車	65輛
裝甲運兵車（含步兵戰鬥車）	370輛

產油大國的小型陸軍

汶萊陸軍 Royal Brunei Land Forces

汶萊陸軍的起源，是英國殖民時期1961年5月建立的汶萊馬來團。

汶萊因為生產石油與天然氣，經濟富足，國防經費大約是GDP的4-4.5%。汶萊人口僅有40萬人，但徵募軍人卻僅限於馬來民族的汶萊人才能夠加入，導致兵力只有4900人，預備役700人，算是小規模陸軍。

實戰部隊有3個步兵營、1個特種作戰營。配備有英國製蠍式Scorpion輕戰車。

和美國陸戰隊進行聯合訓練的士兵們。

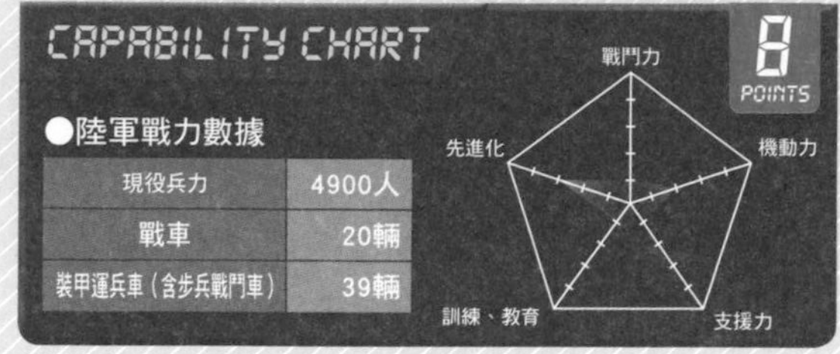

CAPABILITY CHART

8 POINTS

●陸軍戰力數據

現役兵力	4900人
戰車	20輛
裝甲運兵車（含步兵戰鬥車）	39輛

陸軍冷知識

汶萊還有雇用廓爾喀兵，並且擁有直升機隊。另外還有1000人左右的英國陸軍駐紮。

提供支援的小規模陸軍

不丹陸軍 Bhutan Army

不丹陸軍是採用志願役、有7000名現役軍人的小規模陸軍。而不丹皇家軍，則是陸軍與2000名皇室親衛隊、1000名警察組成的混合部隊。

不丹和印度締結了友好條約，因此不丹陸軍的武器和官兵訓練都由印度提供。

不丹陸軍的主要任務是維持國內治安穩定，配備俄羅斯製AK-101突擊步槍和新加坡製Ultimax 100班用輕機槍等輕武器。

手持AK-101瞄準的不丹陸軍士兵。

攝影：不丹陸軍

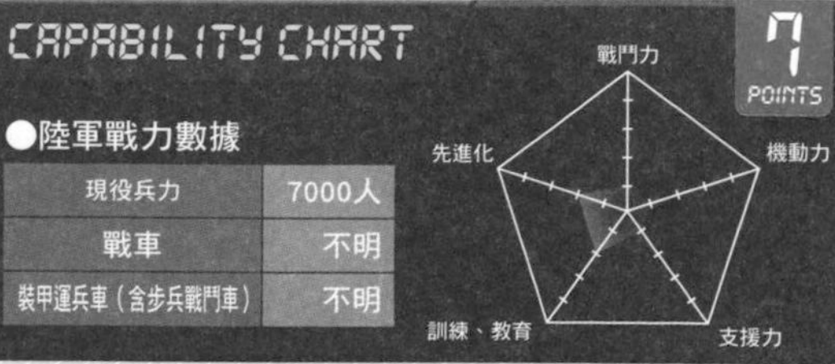

CAPABILITY CHART

7 POINTS

●陸軍戰力數據

現役兵力	7000人
戰車	不明
裝甲運兵車（含步兵戰鬥車）	不明

陸軍冷知識

不丹在2003年遭到印度籍游擊隊的攻擊，當時國王曾親上前線率領陸軍，兩天就擊退了敵軍。

曾經和美國、中國等強權對抗的陸軍

越南人民軍陸軍

Vietnam People's Army

陸軍冷知識

越南擁有大量蘇聯（俄羅斯）製和中國製裝備，但是特種部隊卻開始採用加利步槍等以色列製武器。

曾投入中越邊境糾紛的T-55戰車。 攝影：Dave

越南人民軍陸軍過去在越南民主共和國時代，曾在越戰讓美軍嚐到苦頭。後來南北越統一後，又在1979年發生中越戰爭、1984年發生中越邊境糾紛，對中國陸軍造成相當大的損失。可以說是東南亞各國之中，戰鬥經驗最豐富的強大陸軍。

現在的越南人民軍陸軍擁有現役兵力41萬2000人，因為採用徵兵制，在緊急時還可以動員500萬名預備役。除了陸軍以外，海軍也備有2萬人的陸戰隊、還有4萬名的邊防部隊。

越南人民軍陸軍的組織區分為步兵師、機械化步兵師、裝甲旅、特種作戰團等單位，組成4個軍。配備有越戰期間蘇聯提供的T-62戰車，和中國提供的59式戰車。此外，還有擄獲南越陸軍的M48巴頓戰車和M113裝甲車，車種繁多。不過都相當老舊了，越南陸軍正在汰換當中。

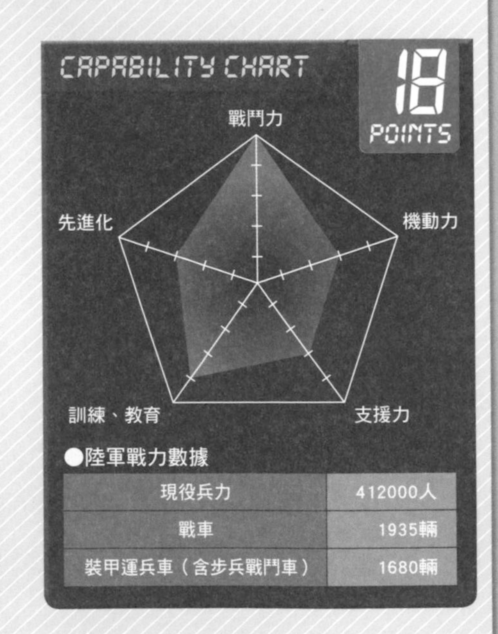

●陸軍戰力數據

現役兵力	412000人
戰車	1935輛
裝甲運兵車（含步兵戰鬥車）	1680輛

引進各式外國武器

馬來西亞陸軍

Malaysian Army

從德國引進的兀鷹式Condor輪型裝甲車。

攝影：馬來西亞陸軍

獨立建國後創設的馬來西亞陸軍，擁有和共產黨游擊隊交戰的經驗，所以非常重視反游擊戰能力，裝備和編組都依照這個理念來建構。

現在的馬來西亞陸軍現役兵力有8萬人，緊急時可以動員5萬名預備役。除了陸軍之外，還有警察軍、邊防部隊等，大約2萬4000人的準軍事組織。

主力戰鬥部隊是野戰軍團轄下的4個師，1個師配置在馬來西亞東部，3個師駐囤在馬來半島。除此之外，還有特種作戰群與第10空降旅，航空隊則是由陸軍指揮官掌控。

馬來西亞陸軍配備了波蘭的PT-91M戰車、韓國的K200裝甲車、瑞典的BV206裝甲車等，向全球各國採購的車輛。目前則是和土耳其共同開發AV8裝甲車，並且自製ACV300裝甲車，逐步引進純國產武器。

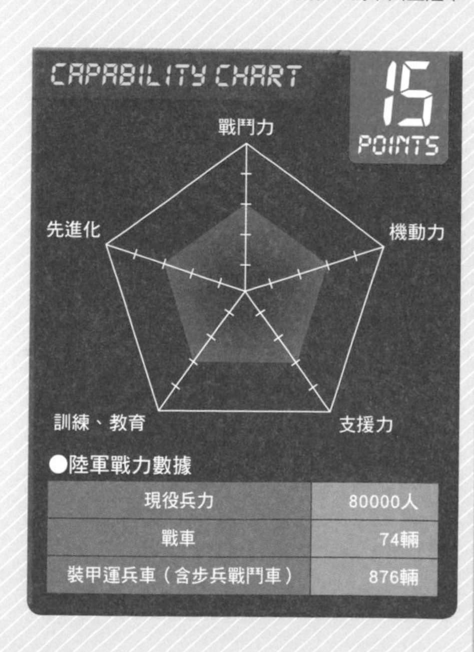

●陸軍戰力數據

現役兵力	80000人
戰車	74輛
裝甲運兵車（含步兵戰鬥車）	876輛

陸軍冷知識

馬來西亞陸軍有強大的叢林戰能力，這是因為得到美國陸軍和澳洲陸軍派遣的叢林戰教官訓練的緣故。

山地戰能力強大的陸軍

緬甸陸軍

Myanmar Army

中國製105mm輪型反戰車砲。 攝影：Myanmar Military Power

陸軍冷知識

緬甸陸軍同時也在經營企業、工廠、商店，並且投資國內的產業。

緬甸自建國以來，就屢屢發生民族紛爭。緬甸陸軍非常重視反游擊戰，以機動性高的輕步兵為戰力核心。因為緬甸國內多山，使得陸軍的輕步兵特別擅長山地戰。

現在的緬甸陸軍現役兵力有37萬5000人，還有人民武裝警察等超過10萬人的準軍事組織。戰鬥部隊的基本單位是團，每個團都是由數個營或連所組成，而337個營之中，就有266個是輕步兵營。

緬甸自從1962年軍事政變之後，就始終與東西兩大陣營保持距離，結果造成武器短缺。尤其是戰車和裝甲車等重裝備，擁有數量並不多。不過到了1990年代，開始接收中國提供的69-2式戰車和90式步兵戰鬥車。此外，還積極的向烏克蘭洽購BTR-3U輪型裝甲車。

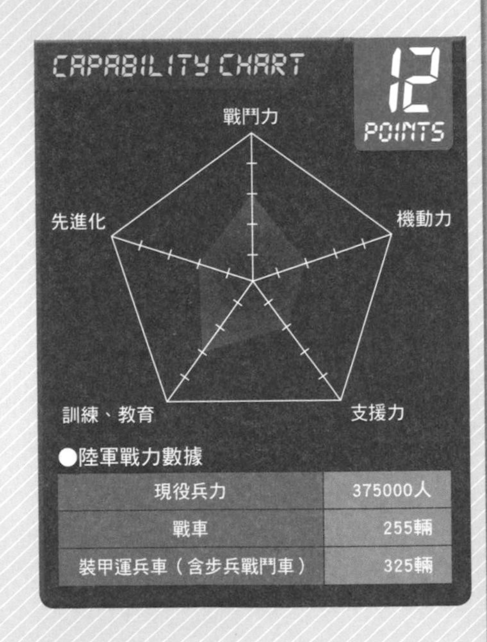

●陸軍戰力數據

現役兵力	375000人
戰車	255輛
裝甲運兵車（含步兵戰鬥車）	325輛

以國際合作和災難救援為主要任務的陸軍

蒙古國武裝部隊

Mongolian General Purpose Force

陸軍冷知識

蒙古的邊防部隊除了警戒人民非法越界，還要處理家畜越界引發的糾紛。

現在已經除役的T-55戰車。

攝影：Gunnar Geir Petusson

蒙古國武裝部隊的前身，是社會主義政權時代的蒙古人民軍。由於蒙古並沒有特定的外敵威脅，為了讓軍事組織維持下去，賦予了國際合作和災難救援任務的目標，朝這個方向活動。

目前的蒙古武裝部隊備有現役兵力8900人，在緊急時可以臨時動員13萬7000名預備役。武裝部隊轄下有1個輕步兵旅、1個裝甲旅、1個砲兵營。除了武裝部隊之外，還有7200人的邊防部隊，算是準軍事組織。

在蒙古人民軍時期的武裝部隊，曾配備許多蘇聯提供的T-54/55戰車和T-72戰車等重裝備。可惜這些武器都已經老舊，蒙古也沒打算要汰換。轉變為蒙古國武裝部隊之後，則是引進以色列製加利步槍，和俄羅斯製GM-94榴彈發射器，大多撥交給特種部隊使用。

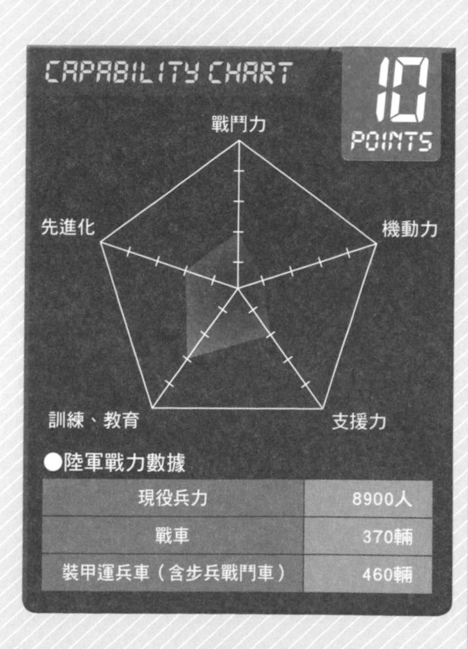

●陸軍戰力數據

現役兵力	8900人
戰車	370輛
裝甲運兵車（含步兵戰鬥車）	460輛

陸軍冷知識

寮國是內陸國，所以沒有海軍，不過人民軍陸軍會搭乘小艇在河川湖泊一帶警戒。

擁有國軍與黨軍兩個面貌

寮國人民軍 Lao People's Army

1975年寮國人民共和國建國時，寮國人民軍也同時建立。

人民軍的地位相當於國軍，但憲法規定人民軍陸軍必須接受寮國人民革命黨的指揮，所以同時也算是「黨軍」。

現在的寮國人民軍陸軍總兵力有2萬5600人，除了陸軍以外，還有一個10萬人規模的民兵組織，稱為自衛軍。

人民軍陸軍的實戰部隊包含1個戰車營、5個步兵師、5個砲兵營等單位。

T-54/55戰車目前僅剩下30輛。 攝影：John Kenny

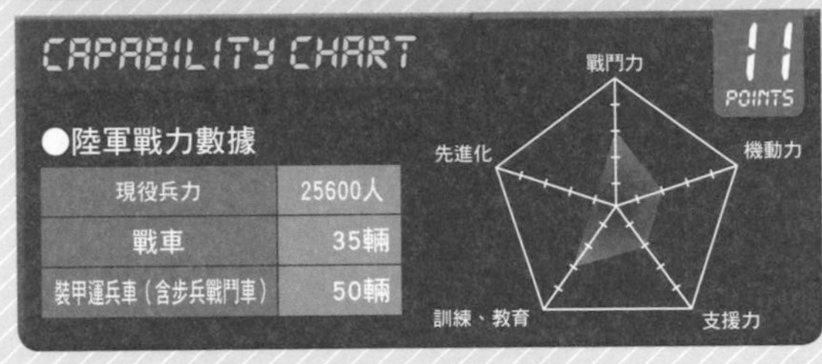

●陸軍戰力數據

現役兵力	25600人
戰車	35輛
裝甲運兵車（含步兵戰鬥車）	50輛

Army Column

負責保護VIP與防範武力抗爭的中華人民共和國準軍事組織

中國人民武裝警察 Chinese People's Armed Police Force

由14個師組成的人民武裝警察，平日負責邊防防衛和維持治安，不過有時還要保護VIP，甚至投入公共建設。另外，還有對抗維吾爾族等少數民族的武裝抗爭，這些都是主要任務。在西藏和維吾爾自治區，武警累積了許多反游擊戰的經驗。

配備方面，包含WZ-3裝甲車、各式重武器、直升機等，武警戰力幾乎凌駕於小國之上。此外，經常和西側邊界的國家，以及俄羅斯的治安部隊和警察部隊交流，戰術方面相當先進。

北京奧運時負責保衛記者新聞中心的03B式裝甲車。 攝影：inkiboo

攝影：美國陸軍

Section 2

全球161國陸軍戰力完整絕密收錄

北美洲

持續革新藉以維持世界最強的地位

美國陸軍

United States Army

陸軍冷知識

美國陸軍的工兵部隊除了挖掘建構野戰壕溝或工事之外，還能投入建造水壩、公路等公共工程。

勇猛衝鋒中、展現機動性的M1A1戰車。 攝影：美國陸軍

美國陸軍起源於向英國發起獨立戰爭的時代。1775年的大陸會議中允諾建立民兵組織，就是大陸軍的基礎。獨立戰爭勝利之後，大陸軍只留下幾個地區部隊，其他部隊都解編了。直到1783年的大陸會議，才要求再度組成部隊，於是美國陸軍就此誕生。

史崔克裝甲車，柵欄狀的東西是附加裝甲。
攝影：美國陸軍

重組之後的美國陸軍，陸續投入美國與英國戰爭、美國與墨西哥戰爭、美國與西班牙戰爭，還有內戰的南北戰爭，以及掃蕩少數民族（美國原住民）等實戰。除了南北戰爭是一分為二，其他戰爭都造成陸軍規模愈來愈龐大。

美國陸軍之所以擴張受阻，是因為聯邦政府下令要把正規軍縮小到最小限度。同時，各州則要建構國民兵，才能夠在緊急時迅速動員。但是，從獨立戰爭以來，大陸軍的傳統就難以消除，所以之後歷經第一次、第二次世界大戰之後，就會迅速的大幅裁減軍力。

改變這個裁軍狀況的是冷戰時代。冷戰時全球區隔成東西兩大陣營，為了與蘇聯等國對抗，美國必須要派兵前往日本、英國、美國陸軍保有蘭尼米德級Runnymede通用登陸艇等多種船艦。

停車休息中的M2布萊德雷步兵戰鬥車。　攝影：美國陸軍

德國、韓國等同盟國駐囤，陸軍一定得要增強才行。雖然隨著年代，有時會調整駐軍人數，不過還是得要維持住全球名列前茅的兵力。

美國陸軍最大特徵是持續不斷的變革。以第二次世界大戰來說，戰事爆發時德國陸軍讓各國吃盡苦頭，於是美國立刻參考德國陸軍的編制，編組強大的裝甲部隊。越戰也是，美國嚐到苦果，才下決心要把陸軍變更為能夠發揮最強機動力和火力的陸軍。

士兵在車上射擊機槍的M998高機動多用途輪型車（悍馬HMMWV）　攝影：美國陸軍

裝備方面也經過屢次變革。到了冷戰結束後，為了對抗恐怖主義等新時代的威脅，編組了純粹以輪型裝甲車為主要戰力的新型態部隊。

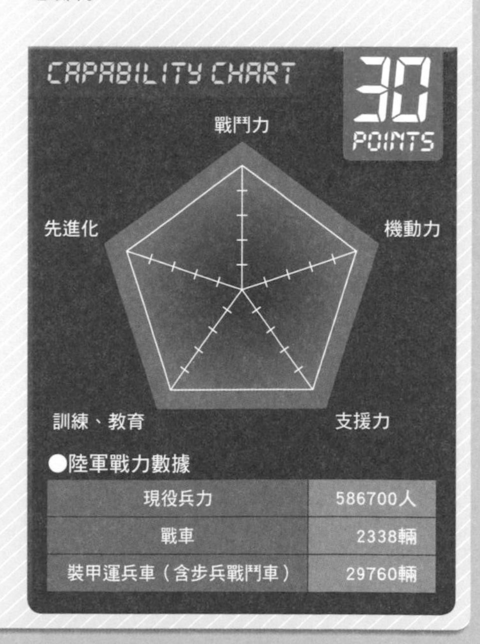

●陸軍戰力數據

現役兵力	586700人
戰車	2338輛
裝甲運兵車（含步兵戰鬥車）	29760輛

陸軍冷知識

有許多出征伊拉克與阿富汗美國陸軍官兵在歸國之後自殺，成為陸軍非常難解的大問題。

從正前方觀看行進中的史崔克裝甲車。 攝影：美國陸軍

永遠領先他國一步、持續改革的姿態，這是讓美國陸軍得以保持最強地位的要因之一。

現在的美國陸軍（正規軍）有現役官兵58萬6700人，預備役20萬5000人。現役官兵中，有1萬4500人是預備役回歸現役。而各州的國民兵2萬2000人，也隨時可以編入正規軍。

各州的國民兵是一種民兵組織，只有緊急時才會從預備部隊轉為正規軍，平常的任務是災難救援和穩定治安。除了哥倫比亞特

被日本稱為小越野車Buggy的全地形越野車（ATV）。
攝影：美國陸軍

M113A3裝甲運兵車。 攝影：美國陸軍

區的國民兵是由聯邦政府來指揮，其他的國民兵都是由州長來指揮調度，資金與裝備則是由聯邦政府提供。

現在的美國陸軍，包括配置於美國本土的第1軍團、第5軍團，駐守在中東的中央陸軍轄下配置第3軍團，駐紮在歐陸的第7軍團，駐防韓國的第8軍團，總計5個軍團。這些軍團轄下備有1個裝甲師、1個騎兵師、2個空降師、5個步兵師、1個山地師，總計10個師。

搭載105mm主砲，射擊中的史崔克MGS機動火砲系統。　攝影：美國陸軍

陸軍的一般編制是每2個步兵師構成1個軍團，例如第3軍團、第8軍團都是由2個師組成，但其他的3個軍團則是規模比較小，改成機動性高的戰鬥旅來組成。

戰鬥旅（旅級戰鬥隊）有3種，第一是是單純的步兵戰鬥旅，第二是配備大量史崔克輪型裝甲車形成史崔克戰鬥旅，第三是以戰車和步兵戰鬥車為主力的重裝戰鬥旅。步兵戰鬥旅總計有40個（其中有20個是預備役）、史崔克戰鬥旅有8個（含1個預備役）、重裝戰鬥旅有25個（含7個預備役）。

射擊中的M777 155mm榴砲。　攝影：美國陸軍

美國陸軍的裝備無論質量都是世界最高等級，擁有世界最強稱號的M1A1/A2艾布蘭戰車2338輛、M2布萊德雷步兵戰鬥車4559輛、M113A2/A3裝甲運兵車5000輛、AH-64D/E攻擊直升機737架。質與量兩方面都凌駕於各國陸軍之上。

HEMTT（重型機動戰術卡車）與士兵。
攝影：美國陸軍

陸軍冷知識

現在的美國陸軍沒有配備固定翼飛機（註5），不過已經計畫要採用MQ-1「掠食者Predator」無人機改良而成的「空中戰士Sky Warrior」式。

戰力凌駕在中小國陸空軍之上的強大戰力

美國陸戰隊

US Marine Corps

陸戰隊員和AAV7兩棲突擊運兵車。 攝影：美國陸戰隊

陸軍冷知識

陸戰隊要求每一位成員都是「步槍兵」（Rifleman），從戰機飛行員到戰車兵，每一位官兵都要接受嚴格訓練，直到能夠精確的使用步槍射擊與格鬥，這算是基礎能力。

美國陸戰隊成立於獨立戰爭爆發約半年前的1775年11月10日，比照英國皇家陸戰隊（Royal Marine）的規格來創建。等到獨立戰爭結束後，陸戰隊一度解散，但是到了1798年7月，又重新整建，目的是要維護艦艇內的秩序，以及對抗海盜。

19世紀以後，陸戰隊曾經參加在非洲掀起的第一次巴巴里戰爭、美國與西班牙戰爭、第一次與第二次世界大戰、韓戰、越戰、波灣戰爭、入侵阿富汗、伊拉克戰爭等。無論是哪一場戰爭，都取得了最大的戰果。

地面部隊的兵力有現役官兵19萬7300人，緊急預備役2050人，合計19萬9350人。此外，還備有F/A-18大黃蜂式戰鬥攻擊機、AH-1W/Z攻擊直升機、MV-22鶚式Osprey傾斜旋翼機等，總計有3萬4700名陸

●陸軍戰力數據

現役兵力	197300人
戰車	447輛
裝甲運兵車（含步兵戰鬥車）	5370輛

捲起沙塵奔馳中的M1A1戰車。 攝影：美國陸戰隊

戰隊航空隊成員。

陸戰隊的緊急應變部隊的性質和陸軍不一樣，平時就考慮到戰時，預先把步兵、裝甲兵、砲兵等地面部隊和航空隊、補給部隊等各個單位整合在一起，成為一個各兵科聯合的組織，陸戰隊稱這個組織為MAGTF（Marine Air-Ground Task Force）陸戰隊空陸特遣隊。

MAGTF具備三種編制，首先是以陸戰隊遠征軍之姿投入大規模戰爭，也能以陸戰隊遠征旅投入中至小規模紛爭，再來是以最快速度投入危機地區的陸戰隊遠征隊。目前已經成立了3個陸戰隊遠征軍（各遠征軍轄下配置1個陸戰師）、3個陸戰隊遠征旅、7個陸戰隊遠征隊，都是常設戰鬥部隊。

裝備方面，擁有M1A1戰車447輛、LAV-25輪型裝甲車252輛、AAV7A1兩棲突擊車1311輛、MRAP防地雷裝甲車1679輛。按規定，每個陸戰師必須配備58輛M1A1、247輛AAV7突擊車，以及72門M198或M777 155mm榴砲。光是這樣，戰力就足以和許多中、小國家的陸軍匹敵了。

正在進行登陸訓練的AAV7兩棲突擊運兵車。 攝影：美國陸軍

陸軍冷知識

陸戰隊的軍官領導能力教育獲得各國的高度評價，有許多軍官在退役後成為政治家、實業家。

曾派遣部隊到阿富汗與伊拉克

加拿大陸軍

Canadian Army

陸軍冷知識

加拿大陸軍曾計畫廢除所有的戰車部隊，但是在出兵阿富汗時察覺到戰車的價值，因此引進了豹2A6M戰車。

加拿大的主力戰車豹2A6M。

攝影：加拿大陸軍

加拿大陸軍創建於1867年，前身是大英國協成立的當地部隊。就官方資料來看，加拿大陸軍要到1948年才成立，然後在1968年將三軍整合起來，名稱改為加拿大武裝部隊地面部隊。其實武裝部隊除了少數部隊有所調動，其他部隊都維持原狀，所以到了2011年，又改回了加拿大陸軍的名稱。

加拿大陸軍的兵力有3萬3711人，緊急時可動員2萬8153名預備役。加拿大陸軍區分為第1至第5師這5個師（通稱加拿大師），第1加拿大師平時只有司令部在運作，第2至第4師則是在轄下配置了2-4個旅。

裝備方面，有國產的郊狼式Coyote裝甲車和LAV-III裝甲車，還有美國製的M113裝甲車等武器。豹2A6M戰車和G-Wagen多用途四輪傳動車購自德國，M777 155mm榴砲則是購自英國。

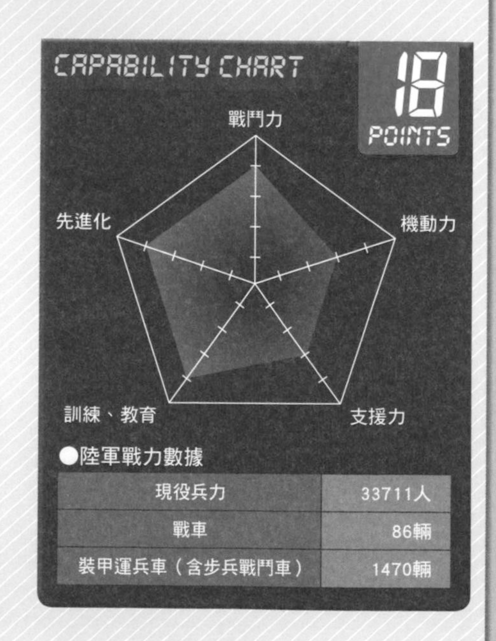

●陸軍戰力數據

現役兵力	33711人
戰車	86輛
裝甲運兵車（含步兵戰鬥車）	1470輛

與販毒集團和游擊隊交戰的陸軍

墨西哥陸軍

Mexican Army

VCR-TT六輪裝甲運兵車。　攝影：國防部

墨西哥陸軍源自於1810年獨立戰爭時集結的武裝集團。獨立之後，與美國及周邊各國爆發小規模戰役，並沒有演變成大規模戰爭。現在的主要任務，是打擊民族主義游擊隊和販毒集團。

墨西哥陸軍的現役兵力有26萬5700人，緊急時能夠動員4萬人的預備役。另外，還有3萬人的準軍事組織，劃歸在陸軍指揮之下。實戰部隊包括3個軍，每個軍轄下有3個旅，之下還有獨立團級、營級組織。此外，還有3個獨立的特種作戰旅。

墨西哥陸軍以專門對抗游擊隊的輕步兵為核心，沒有配備戰車。裝甲車有德國與墨西哥共同開發的HWK-11步兵戰鬥車、AMX-VCI裝甲運兵車、搭載米蘭反戰車飛彈的VBL輕裝甲車等，總計有1000輛左右。

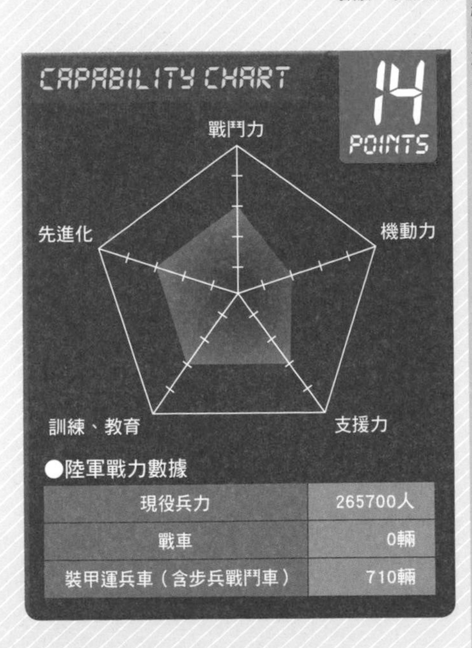

●陸軍戰力數據

現役兵力	265700人
戰車	0輛
裝甲運兵車（含步兵戰鬥車）	710輛

陸軍冷知識

墨西哥陸軍的宿敵是毒梟的走私集團，因此陸軍將部隊中的菁英官兵抽調出來，集結成戰力更強的單位。

美國陸戰隊與其他國家的陸戰隊

以英國海軍陸戰隊為範本的美國陸戰隊

因為美軍駐防在沖繩，所以日本人一聽到「陸戰隊」，往往就會聯想到美國陸戰隊。美國陸戰隊擁有戰車和戰鬥機，戰力和中型國家並列，在世界上算是相當特殊的單位。

例如英國海軍陸戰隊，這原本是美國陸戰隊的範本，但是時至今日，英國陸戰隊只有6850人，是美國陸戰隊兵力的1/30。英國陸戰隊沒有配備戰車或輪型戰鬥車，僅有BvS-10維京式裝甲車142輛而已。

說到人數，比較大規模的陸戰隊或海軍步兵，有中國的海軍陸戰隊4萬人、韓國海軍陸戰隊2萬8000人、越南海軍陸戰隊2萬7000人、印尼海軍陸戰隊2萬2000人、法國海軍陸戰隊1萬8000人、哥倫比亞海軍陸戰隊1萬4000人。其他國家的海軍陸戰隊人數則都在1萬以下，像荷蘭有2654人、芬蘭烏西馬旅有1500人，多半是1000-3000人的小規模組織。順帶一提，日本陸上自衛隊創建的水陸機動團，也是規劃人數2000-3000名的部隊。

中國的05式兩棲突擊車。 攝影：Dan

由登陸艦載運登陸的韓國陸戰隊K1戰車。

反映各國國情的裝備與組織

關於裝備，美國陸戰隊配備了M1A1戰車這類正規戰車，只有中華民國的海軍陸戰隊配備M60A3戰車，可以和美國相提並論。而越南陸戰隊、中國陸戰隊都是配備PT-76水陸兩棲輕戰車，法國陸戰隊配備了搭載90mm戰車砲的ERC90輪型裝甲偵察車，雖然擁有不錯的火力，但是不可能和M1A1戰車交手。

這類裝備的差異，讓美國陸戰隊能夠投入大規模的紛爭，出發後迅速抵達戰場，而且能夠持續長時間的戰鬥。相對的，其他國家的陸戰隊則是為了投入中至小規模的紛爭而建立的。回頭來看美國陸戰隊，除了擁有可以運輸重裝備的登陸艦，還有被稱為海上預置船艦的運輸船。在太平洋和印度洋的美國陸戰隊，都擁有這些搭載重裝備的船隊，隨時可投入戰區。

蘇聯所開發的PT-76水陸兩棲輕戰車。

組織方面，美國陸戰隊和其他國家的陸戰隊也不一樣。過去美國陸戰隊隸屬在海軍指揮下，現在則是提升成為和陸海空軍相同位階的軍種。其他國家的陸戰隊，則大多歸屬於海

適合海軍運用的BMP-3F裝甲車，配備大型排浪板和增高的吸排氣管。 攝影：印尼陸戰隊

印尼海軍陸戰隊配備的BTR-50水陸兩棲裝甲運兵車。 攝影：印尼陸戰隊

搭乘英國海軍登陸艇LCU登陸的英國皇家海軍陸戰隊。

搭乘LCAC-1型氣墊登陸艇進行登陸訓練的陸上自衛隊員。 攝影：陸上自衛隊

接受島嶼登陸訓練的自衛隊水陸機動團。
攝影：陸上自衛隊

軍轄下或陸軍轄下。韓國陸戰隊在1973年以前曾經是獨立軍種，但之後就納入了海軍管轄。

比陸軍更嚴苛的入隊審核

因此，美國陸戰隊和他國陸戰隊相比，無論規模還是裝備，都有很大的差異。不過，一方面具備兩棲作戰能力，另一方面又必須在緊急時迅速投入戰區，這是所有的陸戰隊都必須擔負的任務。陸戰隊的訓練比陸軍更嚴格，光是加入就需要考驗智能和體能，比陸軍訂定的標準更高。入隊時的嚴苛審核，這是各國陸戰隊的共通點。

攝影：德意志聯邦陸軍

Section 3

全球161國陸軍戰力完整絕密收錄

歐洲

陸軍冷知識

愛爾蘭因為歷史因素，不願和英國進行軍事交流。遊騎兵部隊（Ranger）的訓練都是向美國取經。

積極參與海外的維和行動

愛爾蘭陸軍 Irish Army

愛爾蘭陸軍最初是協助該國從英國獨立出來的民兵組織，達成獨立任務之後，才改組為陸軍。

愛爾蘭陸軍的主要任務是國防與治安，此外，參與國際事務也是任務之一。平時就經常派員參與聯合國的PKO行動。

現在的陸軍，成為國防軍下的一支部隊，備有現役官兵7500人，裝甲車除了英國製的蠍式輕戰車外，還有瑞士製造的食人魚Piranha III型、南非製造的RG-32M等，都是機動力強的輪型裝甲車。

與步兵一同訓練的食人魚III型輪型裝甲車。 攝影：愛爾蘭陸軍

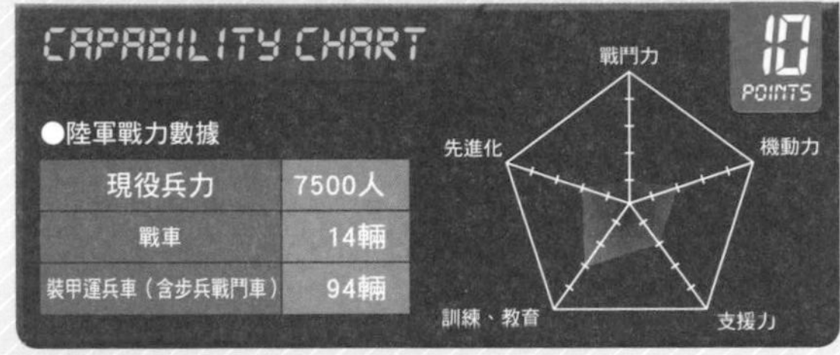

●陸軍戰力數據

現役兵力	7500人
戰車	14輛
裝甲運兵車（含步兵戰鬥車）	94輛

陸軍冷知識

阿爾巴尼亞聯合部隊的裝備與訓練都得到義大利的援助，因此有少數義大利軍人會駐守在阿爾巴尼亞境內。

為了駐防阿富汗而更新裝備

阿爾巴尼亞聯合部隊 Albanian Joint Forces

阿爾巴尼亞在冷戰時期是個社會主義國家，後來退出華沙公約組織，想要完全自主，因此特意增加陸軍兵力。目前聯合部隊整體有8150人，是個小規模的部隊。

聯合部隊的地面部隊包含了1個特種作戰團、1個輕步兵旅、1個砲兵營等單位。

冷戰時期的阿爾巴尼亞陸軍曾經採用中國提供的59式戰車，但是現在已經很老舊了。目前則是向美國購買MRAP防地雷裝甲車和M113裝甲車當作主力。

美國製M998高機動多用途越野車（悍馬HMMWV）。
攝影：World Armies

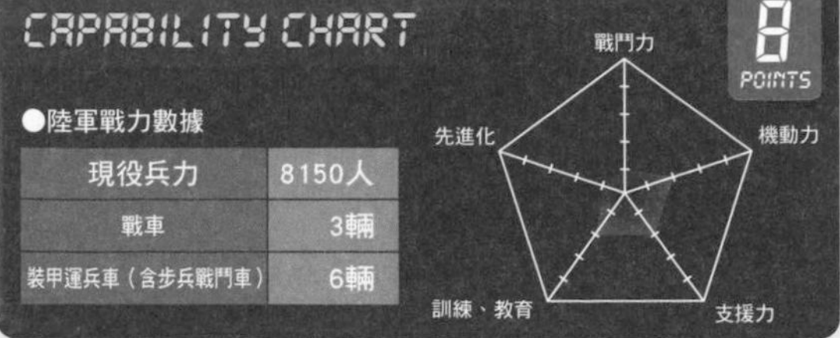

●陸軍戰力數據

現役兵力	8150人
戰車	3輛
裝甲運兵車（含步兵戰鬥車）	6輛

由兩個組織建構而成的陸軍

英國陸軍

British Army

挑戰者2型（FV4034）戰車。　　攝影：英國陸軍

陸軍冷知識

英國陸軍的聯隊（團）會設置榮譽團長一職。現任航空團榮譽團長是查爾斯王子。

1660年創建的英國陸軍，和英國空軍（Royal Air Force）與英國海軍（Royal Navy）不同，名稱裡沒有"Royal"皇家這個字，單純就是"British Army"。空軍與海軍一開始就歸屬於女王（或國王）權威之下，但是陸軍源自於各地區的私有兵團（以團為基本單位），在議會權限下編組而成的一個地面部隊。

這樣一個出身獨特的英國陸軍，擁有現役官兵及退伍預備役官兵組成的陸軍正規軍（Regular Army），還有非正規志願兵組成的預備役部隊（本地陸軍/地方自衛隊）這兩大組織。

陸軍正規軍現在擁有兵力9萬9800人，其中包含了尼泊爾少數民族廓爾喀人的傭兵3200人。英國打算在2020年之前逐步減少兵力，期望在2020年時，把正規軍減少到9

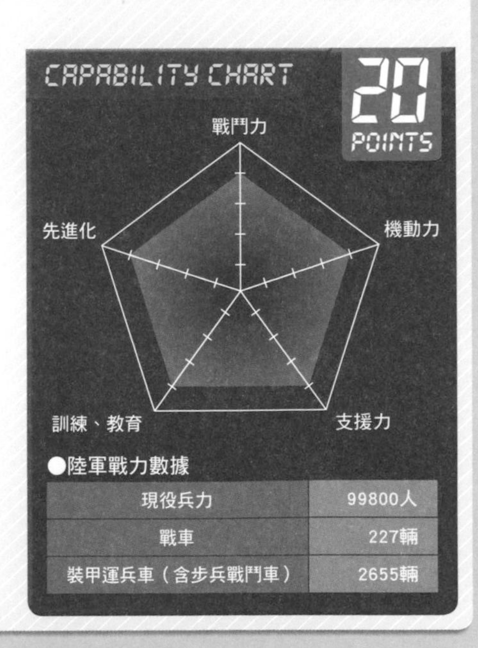

●陸軍戰力數據

現役兵力	99800人
戰車	227輛
裝甲運兵車（含步兵戰鬥車）	2655輛

陸軍冷知識

英國陸軍特種部隊SAS（特種空勤隊）擁有極高的戰力，波灣戰爭、阿富汗戰爭、伊拉克戰爭幾乎無役不與。

漆上紅十字的CVR（T）裝甲車。 攝影：英國陸軍

萬4000人。

至於預備役部隊，總兵力有2萬4100人，而且派遣200名預備役官兵駐守在直布羅陀。至於海軍轄下，則是有陸戰隊6850人。

陸軍正規軍的實戰部隊包括：1個裝甲師、1個機械化步兵師、6個輕步兵旅、2個砲兵旅、1個防空旅。預備役部隊則是備有2個偵搜團、2個戰車團、13個步兵營、1個UAV（無人飛行載具）聯隊、3個砲兵團等部隊。

武器裝備方面，現在配備挑戰者Challenger 2型戰車、戰士型Warrior步兵戰鬥車、鬥牛犬Mk.3（Bulldog）裝甲運兵車、AS90自走砲、山貓式Lynx多用途直升機等，這些幾乎全都是國產武器。

另外，還引進美國製AH-64D阿帕契攻擊直升機，以及利用西班牙與奧地利合作開發的ASCOD步兵戰鬥車為基礎，開發出的新型裝甲車。換句話說，有必要時也會運用外國製武器。

跨越科索沃的河流的戰士型步兵戰鬥車。
攝影：英國國防部

準備進行大規模改革

義大利陸軍

Italian Army

PzH2000型155mm自走榴砲。　攝影：義大利陸軍

陸軍冷知識

義大利號稱美食之國，因此陸軍的戰鬥口糧裡附有小點心、與紙包裝的葡萄酒。

義大利陸軍打從建軍的1861年起，到現在為止，經歷過第一次、第二次世界大戰、阿富汗戰爭、伊拉克戰爭等，累積了不少實戰經驗。

現在的義大利陸軍擁有現役兵力10萬3100人，緊急時可動員1萬3400名預備役。除了陸軍以外，海軍也保有2000人左右的陸戰隊。此外，還有10萬4200名配備專屬裝甲車與直升機的國家憲兵隊（又名Carabinieri卡賓槍兵）。

目前義大利陸軍的實戰部隊，是由機械化步兵師、步兵旅、山地師、航空旅、砲兵指揮部、防空指揮部等單位所構成。預定在2016年重新整編成2個重裝旅、2個中型旅、4個輕裝旅、1個空中突擊旅。

主要武器是公羊式Ariete戰車、半人馬式Centauro驅逐戰車、標槍式Dardo步兵戰鬥車、箭式Frecce步兵戰鬥車、AW129攻擊直升機等，幾乎都是國產武器。

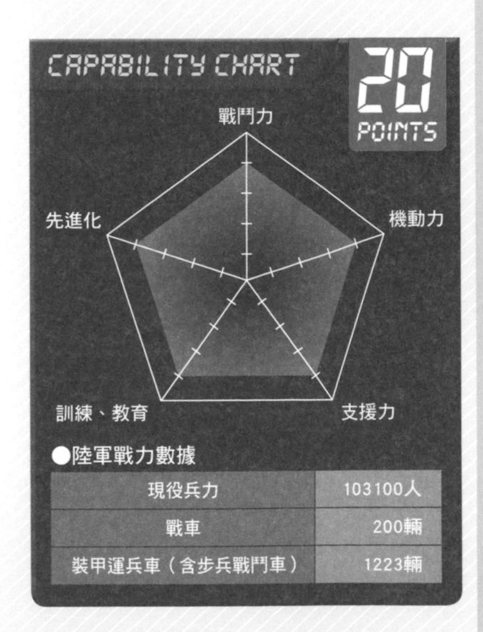

●陸軍戰力數據

現役兵力	103100人
戰車	200輛
裝甲運兵車（含步兵戰鬥車）	1223輛

強化戰力對抗俄羅斯

烏克蘭陸軍

Ukrainian Ground Forces

陸軍冷知識

烏克蘭陸軍在2012年時，以「加入陸軍會更受女性喜愛」為題拍攝了募兵廣告，在電視上播出。

漆上數位迷彩的BTR裝甲車。 攝影：烏克蘭陸軍

烏克蘭陸軍創建於獨立建國的1991年，前身是前蘇聯陸軍基輔軍管區、奧得薩軍管區等部隊，接收了裝備和官兵之後建立的陸軍。

烏克蘭本身就有親俄派和親歐美派兩派人馬在爭鬥不休，2014年親俄派的靠山俄羅斯軍方朝烏克蘭東部進軍，使得烏克蘭陸軍緊急進入實戰狀態。

烏克蘭陸軍擁有現役兵力約5萬7000人，緊急時可以動員多達100萬名官兵（含海空軍）。2014年3月，烏克蘭政府下達徵召令，調集4萬名預備役。除此之外，內政部國民兵則另外保有4萬名官兵可以運用。

陸軍的實戰部隊包括：2個裝甲旅、8個機械化步兵旅、2個空中機動旅等單位。配備著T-84戰車和BTR-3/4裝甲車等國產武器，加上前蘇聯時期留下的武器混編在一起。而烏克蘭國防部，則是致力於強化T-84戰車的戰鬥力。

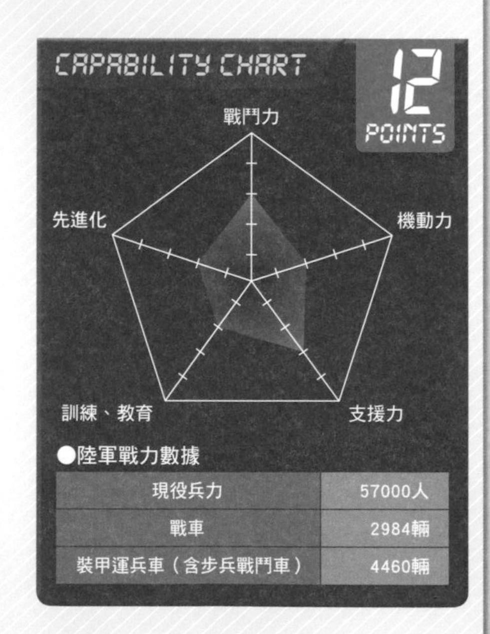

●陸軍戰力數據

現役兵力	57000人
戰車	2984輛
裝甲運兵車（含步兵戰鬥車）	4460輛

正在積極更新裝備

愛沙尼亞國防軍地面部隊 Estonian Defence Forces Land Force

愛沙尼亞國防軍地面部隊轄下有職業軍人3000人、徵兵2500人，合計5500人。除了地面部隊外，還有1萬2000名地區防衛軍，分別防守15個地區。

陸軍實戰部隊包括1個偵搜營、1個步兵旅、1個砲兵營、1個防空營等單位。創建之初，地面部隊曾沿用蘇聯製武器，不過現在已經逐步轉換為瑞典製的CV9035輕戰車、芬蘭製XA-180/188輪型裝甲車等新式裝備。

掛著沙漠偽裝網的XA-180/188輪型裝甲車。

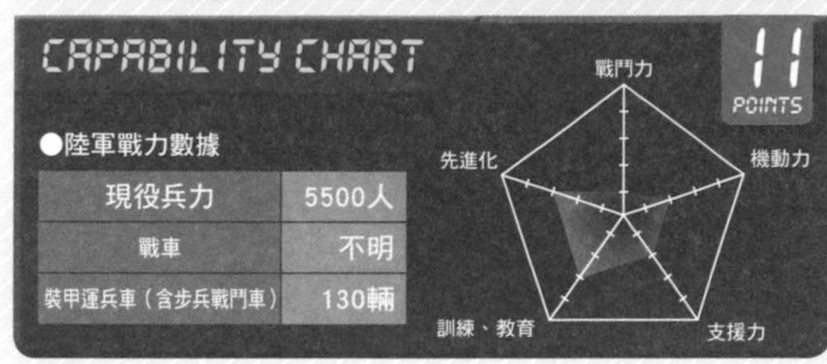

●陸軍戰力數據

現役兵力	5500人
戰車	不明
裝甲運兵車（含步兵戰鬥車）	130輛

陸軍冷知識

愛沙尼亞已經加入NATO和EU，曾經派遣部隊到伊拉克、阿富汗等地。

小規模但裝甲戰力強大

奧地利聯邦陸軍 Austrian Federal Army

奧地利自1955年以來，宣布成為永久中立國，從此陸軍只用於保衛國土。

現在的奧地利陸軍擁有兵力1萬1300人，還有8800人是負責支援陸軍和空軍的特勤部隊。

奧地利陸軍規模雖小，但裝甲戰力雄厚。配備德國製豹2A4戰車、與西班牙合作開發的ASCOD槍騎兵Ulan步兵戰鬥車、國產遊騎兵式Pandur輪型裝甲車等性能優秀的裝甲車輛。

在訓練時疾行的豹2A4戰車。　攝影：奧地利陸軍

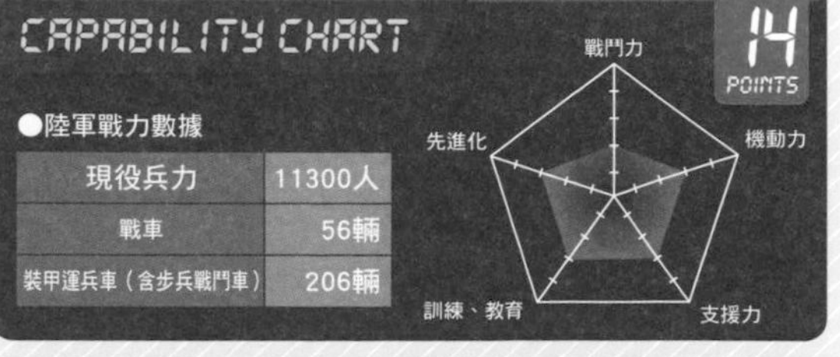

●陸軍戰力數據

現役兵力	11300人
戰車	56輛
裝甲運兵車（含步兵戰鬥車）	206輛

陸軍冷知識

奧地利與匈牙利分裂後，不再擁有海軍，但是曾有一段時期，陸軍使用警艇巡弋多瑙河。

不再使用戰車的陸軍

荷蘭皇家陸軍

Royal Netherlands Army

陸軍冷知識

荷蘭陸軍使用到最後的戰車是60輛豹2A6戰車，其中57輛賣給了加拿大和葡萄牙。

當作裝甲運兵車的拳師式輪型裝甲車。 攝影：荷蘭陸軍

荷蘭陸軍創建於1572年，原本只是個名為州軍的軍事組織。

冷戰時期的荷蘭陸軍即使沒有戰事，也擁有7萬兵力，現在則是縮減到2萬850人，以及預備役2700人。另外，國防部轄下領有一支和陸軍不同體系的治安維護部隊，備有5900名官兵。

陸軍的實戰部隊是由5個特種作戰連、1個偵搜營、2個機械化步兵旅、1個空中機動旅、1個防空指揮部所組成。

在冷戰時期，荷蘭陸軍曾經擁有超過1000輛戰車。但是，2011年決定裁撤所有的戰車，如今已經沒有配備戰車了。現在的荷蘭陸軍講究機動性，採用CV9035步兵戰鬥車，以及和德國共同開發的拳師Boxer裝甲車、大耳狐Fennek輕裝甲車、澳洲製蝮蛇Bushmaster防地雷裝甲車等，等於是改用輪型裝甲車做為主力了。

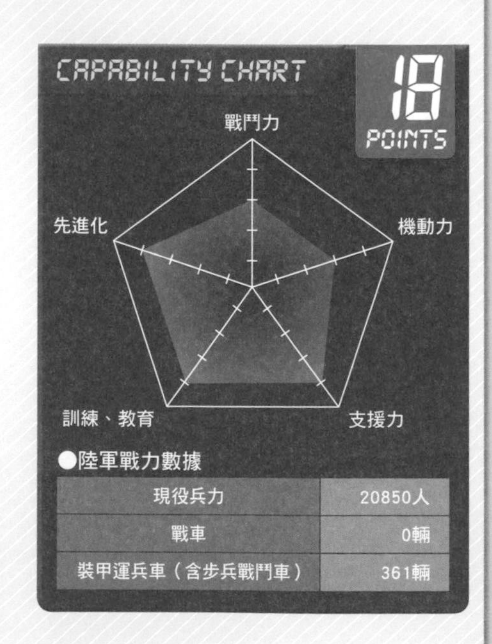

●陸軍戰力數據

現役兵力	20850人
戰車	0輛
裝甲運兵車（含步兵戰鬥車）	361輛

現在仍舊與北塞浦路斯維持敵對狀態

塞浦路斯國民警衛隊 Cypriot National Guard

塞浦路斯共和國把陸海空三軍整合起來，組成一個擁有現役1萬2000人、預備役5萬人的塞浦路斯國民警衛隊。準軍事組織則是500名的武裝警察。

國民警衛隊的地面部隊，轄下有1個特種作戰群、2個機械化步兵旅、3個輕步兵旅、1個砲兵指揮部等單位。國民警衛隊雖小，但裝甲戰力相當充實，配備82輛俄羅斯製T-80U戰車、80輛法國製AMX-30戰車。

在BMP-3步兵戰鬥車前合影的士兵。　攝影：World Armies

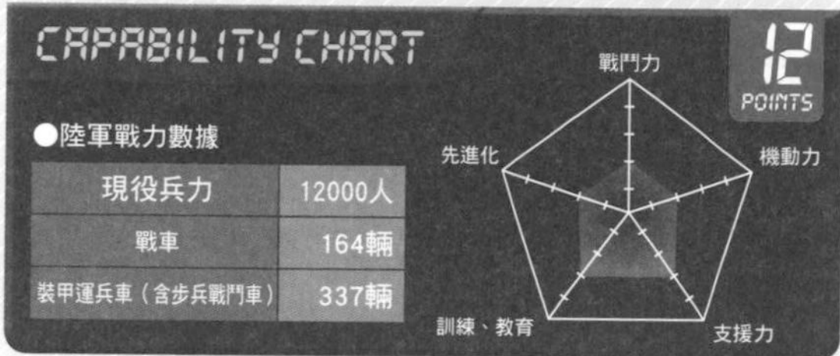

●陸軍戰力數據

現役兵力	12000人
戰車	164輛
裝甲運兵車（含步兵戰鬥車）	337輛

陸軍冷知識

北塞浦路斯擁有3500位官兵的小規模軍事組織，還有4萬名土耳其軍駐紮。

Army Column

除了偵查犯罪、維護治安，還要保護藝術品的專門部隊

義大利國家憲兵隊「Carabinieri」

l'Arma dei Carabinieri

義大利國家憲兵隊「Carabinieri」（卡賓槍騎兵）創建於1814年，這個特殊的名稱，出自於創建時的隊員。因為他們全都配備卡賓槍，所以自稱為「卡賓槍騎兵」。

平時，國家憲兵隊和其他國家的同級組織一樣，和國家警察和財務警察合作，糾舉犯罪、維持治安。但義大利的國家憲兵隊還有另一項任務，就是保護義大利的文化藝術遺產。

一旦發生緊急事態，國家憲兵隊將會納入軍方指揮之下，以戰鬥部隊的身分投入戰區。憲兵隊轄下有反恐、營救人質的特戰部隊，所以兼具反恐部隊職務。

手持軍刀的卡賓槍騎兵（中央）和蒙特貝羅槍騎兵（兩側）。　攝影：Cricato da Finavon

經濟危機中，仍舊持續更新裝備

希臘陸軍

Hellenic Army

陸軍冷知識

負責總統官邸等政府要地的陸軍衛兵，穿著包含裙子的民族服裝當作制服。

德國製PzH2000自走榴砲。　攝影：希臘陸軍

希臘陸軍經歷過第一次、第二次世界大戰，戰後則因為塞浦路斯歸屬問題屢次和土耳其爆發糾紛。

現在的希臘陸軍兵力有職業軍人4萬8450人、徵兵3萬7700人，合計8萬6150人，緊急時還能動員17萬7650名預備役。

實戰部隊包含5個偵搜營、4個裝甲旅、8個機械化步兵旅、2個輕步兵師、7個輕步兵旅、1個空中機動旅、1個砲兵旅、3個砲兵營等單位。

希臘從2010年以來，經濟就持續低迷。不過，陸軍仍舊配備著德國製的豹2A6 HEL戰車、法國製VBL裝甲偵察車，還有美國製AH-64D攻擊直升機等第一線新裝備。在此之前配備的M60A1/A3戰車等，大多是歐美國家的舊式武器，不過還是保有BMP-1步兵戰鬥車、SA-15防空飛彈這些俄羅斯製武器。

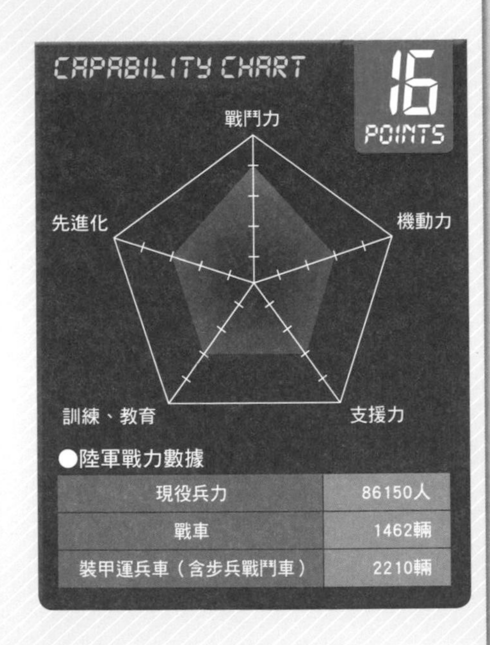

●陸軍戰力數據

現役兵力	86150人
戰車	1462輛
裝甲運兵車（含步兵戰鬥車）	2210輛

加盟NATO後更新裝備

克羅埃西亞陸軍

Croatian Army

以前蘇聯製T-72M為基礎開發出的M-84戰車。　　攝影：克羅埃西亞陸軍

陸軍冷知識

剛創建時，克羅埃西亞陸軍嚴重欠缺裝備，甚至把博物館裡展示的直升機拿出來當成巡邏觀測機。

克羅埃西亞陸軍成立於1991年3月，原本是和塞爾維亞武裝勢力對抗的克羅埃西亞國民警衛隊。2009年，克羅埃西亞加入NATO（北大西洋公約組織），2010年加入EU（歐盟），從此以NATO一員的身分派遣部隊支援。

現在的克羅埃西亞陸軍有兵力1萬1250人，除了陸軍之外，還有3000人左右的國民警衛隊。陸軍實戰部隊包括1個裝甲旅、1個特種作戰旅、1個摩托化（輕）步兵旅、1個輕步兵旅、1個砲兵／火箭團。

克羅埃西亞陸軍沿用許多前南斯拉夫遺留的裝備，現在仍舊以M-84戰車和M-80步兵戰鬥車做為主力。不過，自從加入NATO之後，開始採用NATO規格子彈的5.56mm國產VHS自動步槍、購買芬蘭製AMV輪型裝甲車，還有德國製PzH2000 155mm自走砲、美國製M-ATV、MRAP防地雷裝甲車等新式裝備。

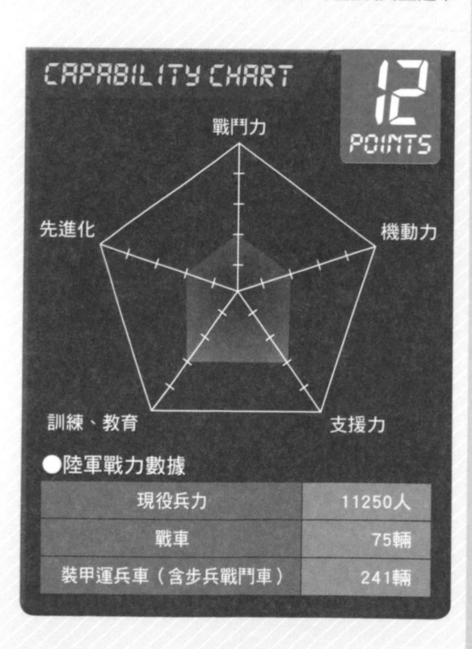

●陸軍戰力數據

現役兵力	11250人
戰車	75輛
裝甲運兵車（含步兵戰鬥車）	241輛

貫徹中立而採用的重武裝

瑞士武裝部隊陸軍

Swiss Armed Forces Land Force

陸軍冷知識

瑞士沒有海軍，但是陸軍配備有船艦，用來巡邏萊茵河國境和湖泊地區。

擁有許多衍生型的食人魚輪型裝甲車。

瑞士在1848年制訂的憲法中否定聯邦可以擁有常備軍，而每個州也只能擁有最多300人的常備軍，在緊急時各州的部隊可以組成聯邦軍。但是這樣的法條窒礙難行，所以現在允許聯邦建立常備軍。

瑞士以全民皆兵為準則，聯邦軍是少數職業軍人和募兵所組成。現在陸軍備有兵力10萬6900人，另外還有人數達7萬4000名的準軍事組織。

陸軍之中的實戰部隊是2個裝甲旅、2個步兵旅、2個山地旅，以及預備部隊（1個步兵旅、1個山地旅）。裝備方面，各式車輛非常充足，包含德國製豹2式（瑞士稱之為Pz87）戰車和瑞典製CV9030步兵戰鬥車、美國製M113A2裝甲車等。此外，還有國造的食人魚Piranha輪型裝甲車、鷲式Eagle輕型裝甲車等，種類繁多。

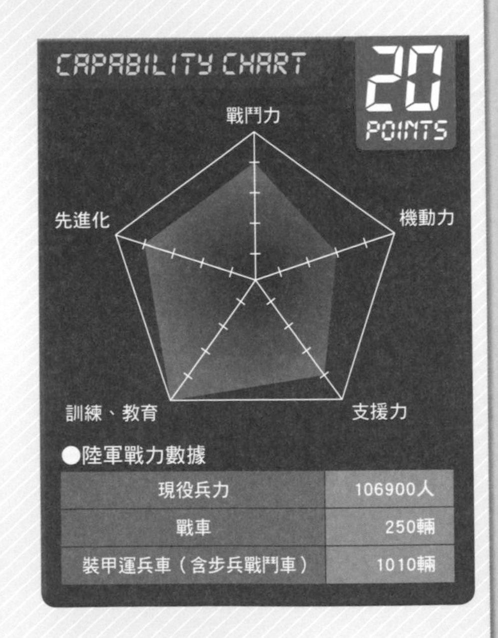

●陸軍戰力數據

現役兵力	106900人
戰車	250輛
裝甲運兵車（含步兵戰鬥車）	1010輛

冷戰結束後大幅削減兵力

瑞典陸軍

Swedish Army

陸軍冷知識

瑞典並沒有加入NATO，但是認同NATO的和平理念，因此保有伙伴關係，曾派遣部隊到阿富汗。

Strv.121（豹2A4）戰車。　攝影：瑞典陸軍

瑞典陸軍的起源，是1521年簽訂卡爾馬同盟後組成的聯邦武裝集團。當時剛打過拿破崙戰爭的瑞典軍，決定日後要採用重武裝中立政策，在冷戰結束之前，陸軍一直擁有龐大的兵力。直到冷戰結束，才逐步削減兵力，到了2010年則是廢除了徵兵制。

現在的瑞典陸軍兵力有5500人，除了陸軍之外，還有退役官兵組成2萬2000人規模的本土防衛隊。陸軍的實戰部隊包括1個機械化偵察營、3個戰車連、4個機械化步兵營、2個山地營、1個空中機動營、1個騎兵營、2個砲兵營、2個防空營等單位。此外，還有850人的水陸兩棲營。

各部隊的組織都不大，但配備的是德國製豹2A5（瑞典稱為Strv.122）戰車和國產的CV9040步兵戰鬥車、Pbv302裝甲車等，都是性能相當優越的武器。

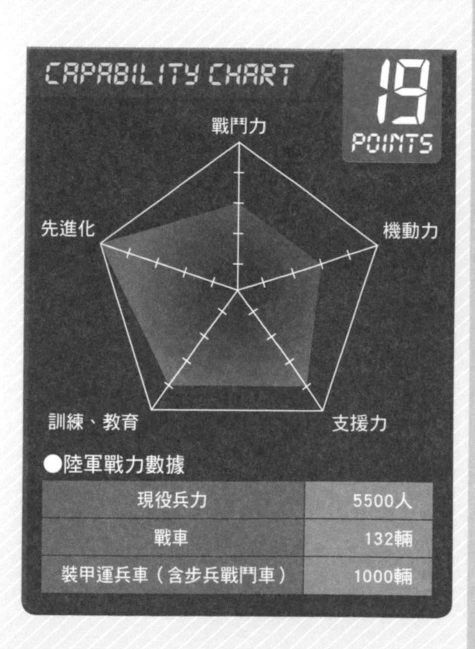

●陸軍戰力數據

現役兵力	5500人
戰車	132輛
裝甲運兵車（含步兵戰鬥車）	1000輛

削減兵力但武裝充實

西班牙陸軍

Spanish Army

瑞士開發的食人魚輪型裝甲車。 攝影：西班牙陸軍

陸軍冷知識

西班牙陸軍除了志願役之外，還擁有一個外籍傭兵部隊。不過，這支部隊在1986年改變了規定，停止徵召非西班牙籍的士兵。

西班牙陸軍成立於15世紀，是歷史悠久的軍隊。在歷史中多次改變屬性，一直維持到今天。第二次世界大戰後，西班牙加入NATO，強化軍事力，等到冷戰結束後，開始大幅削減兵力。

現在的西班牙陸軍兵力有7萬800人，只有冷戰時期的1/4不到。預備役人數也只有3000人。除了陸軍之外，海軍擁有5300名陸戰隊員，國家憲兵隊則是備有7萬9950人的地面部隊。

陸軍實戰部隊包含1個機械化偵搜旅、1個裝甲旅、2個機械化步兵旅、3個步兵旅、1個空中機動旅、特種作戰部隊、3個山地團，還有航空隊。

武裝配備是德國製豹2A5E/A4戰車、奧地利共同開發的皮薩羅Pizarro步兵戰鬥車（ASCOD）、義大利製半人馬式Centauro驅逐戰車、EC665攻擊直升機等，都是性能優越的武器。

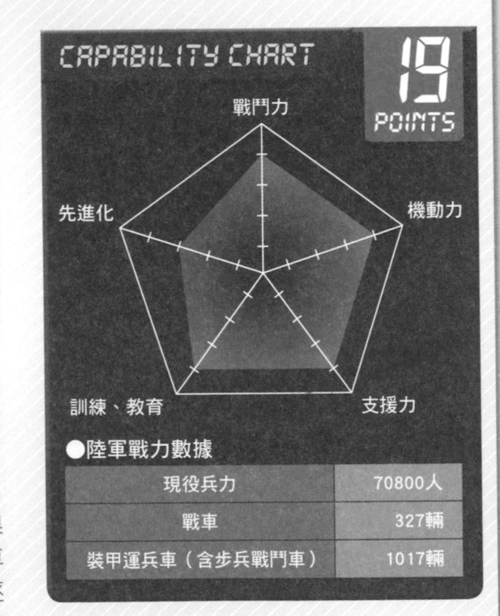

●陸軍戰力數據

現役兵力	70800人
戰車	327輛
裝甲運兵車（含步兵戰鬥車）	1017輛

特種部隊向西方世界引進裝備

斯洛伐克共和國陸軍

Ground Forces of the Slovak Republic

陸軍冷知識

斯洛伐克陸軍曾派遣除雷部隊100名官兵前往伊拉克，在2006年撤離時，已經有3名官兵陣亡。

冷戰時期蘇聯開發的T-72戰車。　攝影：斯洛伐克共和國陸軍

1993年斯洛伐克脫離捷克，獨立建國成為斯洛伐克共和國，當時一併創建了斯洛伐克陸軍。2004年斯洛伐克加入NATO和EU，現在正逐步削減軍力，不過，為了參與NATO、EU、聯合國的維和行動，還是保有健全的部隊組織。2014年時，曾經投入阿富汗，以及波士尼亞與赫塞哥維納等地維護和平。

斯洛伐克陸軍有現役官兵6250人，實戰部隊包括2個機械化步兵旅和1個工兵旅、1個砲兵（火箭）旅等單位。

武裝配備有T-72戰車和OT-90裝甲車等，是前捷克軍時代引進的東歐武器。不過，特種部隊卻配備著美國製HMMVW悍馬多用途四輪傳動車，以及義大利製伊維柯Iveco LMV輕型裝甲車等歐美國家的武器。

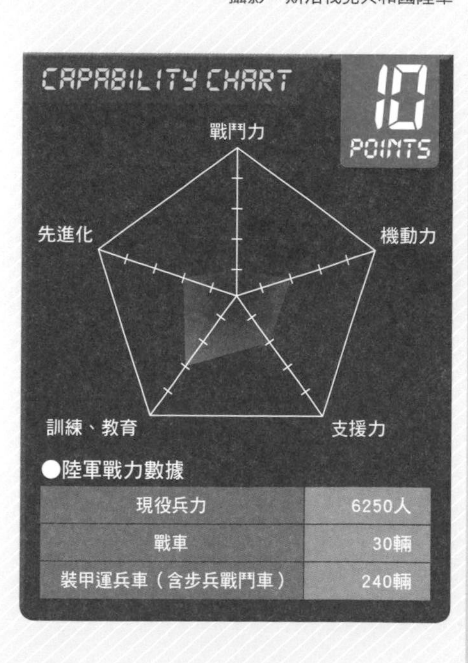

●陸軍戰力數據

現役兵力	6250人
戰車	30輛
裝甲運兵車（含步兵戰鬥車）	240輛

為了維和行動而增強的陸軍

斯洛維尼亞陸軍

Slovenian Army

陸軍冷知識

斯洛維尼亞陸軍被納入EU轄下，塞爾維亞、波士尼亞與赫塞哥維納（波赫聯邦）則是在NATO轄下，都被派往阿富汗戰地。

別名瓦爾克的遊騎兵裝甲車。

攝影：斯洛維尼亞陸軍

斯洛維尼亞陸軍創建於1991年，當時南斯拉夫爆發獨立風潮，為了和南斯拉夫聯邦軍交戰，斯洛維尼亞防衛軍和義勇軍結合在一起，這就是陸軍的前身。

獨立後，斯洛維尼亞陸軍為了維持本國與周邊各國的和平，決定加強軍力，並且提升部隊機動性。目前兵力7600人，是該國實施徵兵制時總兵力的60%。

陸軍實戰部隊包含1個偵搜營、1個機械化步兵營、1個機械化步兵旅、2個特種作戰中隊、1個砲兵營等單位。此外，還有地區防衛用的預備役官兵組成的2個山地團。

武器有M-84戰車等南斯拉夫時代既有的武裝，也有奧地利製遊騎兵Pandur、芬蘭製派崔理亞Patria AMV這兩款輪型裝甲車，都是有效提升機動力的車輛。

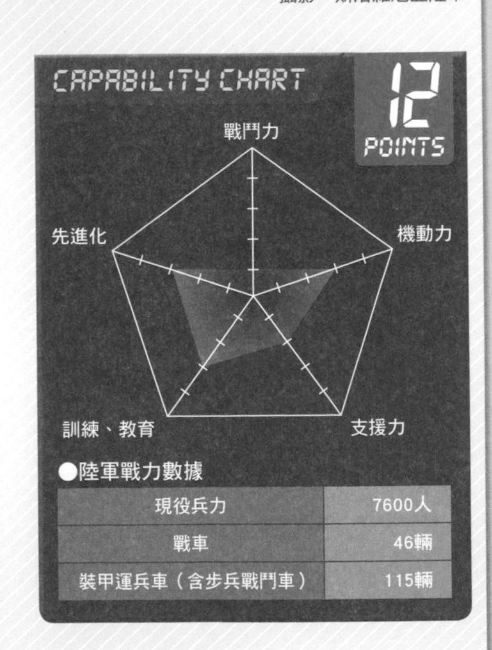

●陸軍戰力數據

現役兵力	7600人
戰車	46輛
裝甲運兵車（含步兵戰鬥車）	115輛

前南斯拉夫成員國中最大的陸軍

塞爾維亞陸軍

Serbian Army

在展示表演中飛馳的T-72戰車。

陸軍冷知識

一心想要從塞爾維亞獨立出來的科索沃，在2009年組織了一個配備輕武器與輕型車輛、人數2500人的治安維持部隊。

塞爾維亞早在1938年的王國時代，就已經擁有陸軍，可是在第二次大戰時擋不住德軍的攻勢而潰滅。現在的塞爾維亞陸軍，是經歷過南斯拉夫內戰後，從蒙地內哥羅與新南斯拉夫分裂出來，建立塞爾維亞共和國的2006年所創建。

前南斯拉夫的成員國有許多都加盟EU或NATO，唯獨塞爾維亞不加入，因此需要比其他成員國更大規模的陸軍。現代的塞爾維亞陸軍擁有現役官兵1萬3250人，還有緊急時可動用的5萬名預備役。

實戰部隊是由1個特種作戰旅、2個機械化步兵旅、1個砲兵／火箭旅等單位所構成。另外，還有區域防衛隊等備役軍人組成的8個步兵團。

武裝有M-84戰車和M-80步兵戰鬥車等，大都是前南斯拉夫時代就已經引進的武器。

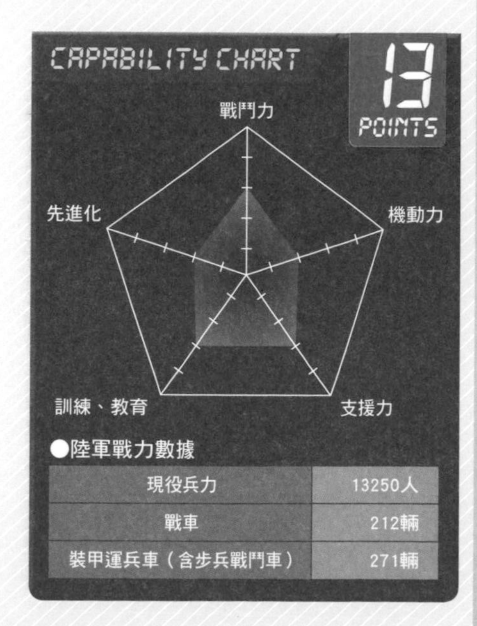

●陸軍戰力數據

現役兵力	13250人
戰車	212輛
裝甲運兵車（含步兵戰鬥車）	271輛

兵力削減到創建當初的1/7

捷克陸軍

Army of the Czech Republic Land Force

陸軍冷知識

捷克軍的預備役部隊是由曾經服役者和受過8週訓練的志願者構成，按規定每年要服勤大約5週。

由T-72改造的T-72M4 CZ戰車。 攝影：捷克陸軍

捷克和斯洛伐克在1993年分離，之後成立了捷克共和國和陸軍。

創建初期的捷克共和國，採用了以前捷克斯洛伐克的徵兵制，總兵力達到9萬人。但是後來捷克加盟NATO，成為集團安全保障的成員，因此廢除徵兵制，現在的總兵力僅創設時的1/7，只有1萬3000人。除了陸軍以外，邊防部隊和治安維持部隊也都歸納在其中。

陸軍的實戰部隊擁有1個偵搜旅、2個機械化步兵旅、1個砲兵旅、1個特種作戰群。重裝車輛大多源自捷克斯洛伐克時代，不過現役的T-72戰車已經更換美國製引擎和義大利製射擊控制系統，防禦也更進一步強化，稱為T-72M4 CZ。最近則是引進了奧地利製遊騎兵Pandur步兵戰鬥車。

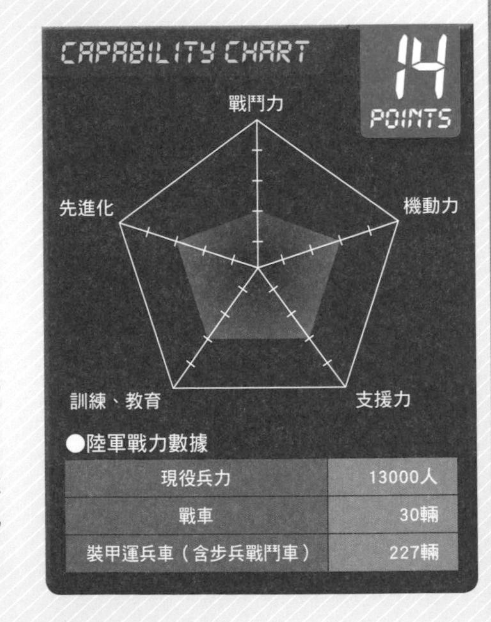

●陸軍戰力數據

現役兵力	13000人
戰車	30輛
裝甲運兵車（含步兵戰鬥車）	227輛

常備軍雖小，但戰力雄厚

丹麥陸軍

Royal Danish Army

除了豹2A4外，也配備了照片中的豹2A5戰車。　攝影：丹麥陸軍

陸軍冷知識

丹麥陸軍的豹1A5戰車曾在南斯拉夫紛爭時，與塞爾維亞武裝勢力的T-55交戰，擊毀了3輛T-55。

1611年創建的丹麥陸軍，經歷過17世紀的大北方戰爭，以及第二次世界大戰等許多戰役，戰鬥經驗豐富。

丹麥現在仍舊採用徵兵制，但是部隊並不依賴徵兵，徵兵的服役期已經縮短到4個月。

自從冷戰結束後，丹麥陸軍就逐步削減兵力。目前的現役軍人只有6950人，不過，一旦恢復徵兵，可以立即動員5萬3000名預備役。而且，地面部隊並不只有陸軍，地區防衛隊的兵力也達到4萬人，戰力其實很厚實。

陸軍實戰部隊包含1個特種作戰群、2個偵搜營、1個戰車營、5個機械化步兵營、1個砲兵營。裝備是德國製豹2A4戰車、瑞典製CV9040步兵戰鬥車、瑞士製食人魚Piranha輪型裝甲車等，數量不多但是威力強大。

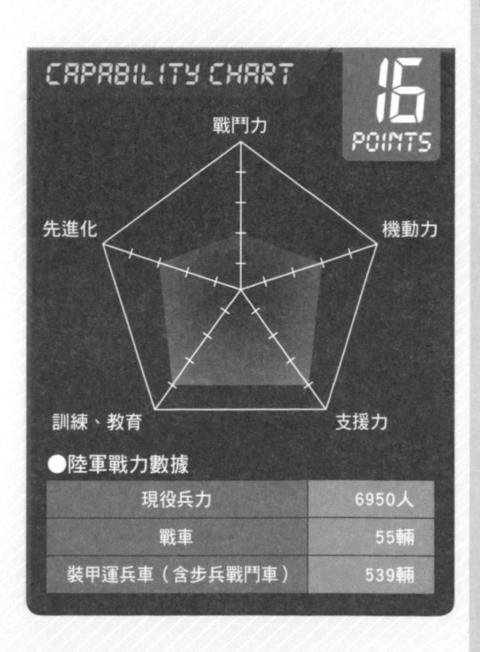

●陸軍戰力數據

現役兵力	6950人
戰車	55輛
裝甲運兵車（含步兵戰鬥車）	539輛

削減兵力同時走向裝備現代化

德意志聯邦陸軍

German Army

陸軍冷知識

德意志聯邦陸軍創建於1990年，由西德聯邦陸軍和東德國家人民陸軍統一而成。

砲管比豹2A5型更長的豹2A6戰車。 攝影：德國陸軍

德意志聯邦陸軍成立於1990年東、西德統一時，當時西德聯邦陸軍和東德國家人民陸軍組合在一起，就成了現在的陸軍。

東、西德統一時，聯邦陸軍的兵力高達36萬人，之後逐步削減兵力，現在只有現役6萬2500人，以及預備役1萬5530人。

實戰部隊包含2個裝甲師、2個步兵旅、1個特種作戰旅、1個空中機動師、1個砲兵營、1個工兵營，其中2個步兵旅會派出部分單位，和法國陸軍組成德法混成旅。

在西德時期，聯邦軍保有超過3000輛戰車，現在削減到332輛豹2A6。聯邦陸軍不斷的推動裝備更新，採用了美洲獅Puma步兵戰鬥車、澳洲野犬Dingo輪型裝甲車、與荷蘭共同開發的拳師Boxer輪型裝甲車、EC665攻擊直升機等新式武器。

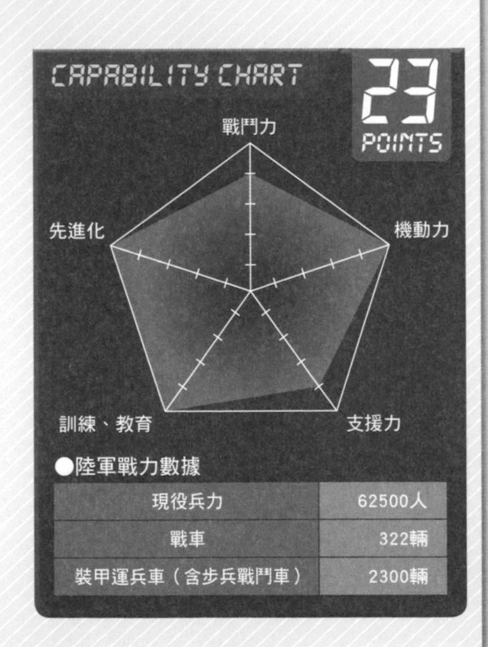

●陸軍戰力數據

現役兵力	62500人
戰車	322輛
裝甲運兵車（含步兵戰鬥車）	2300輛

以防衛本土和國際貢獻為主要任務

挪威陸軍

Norwegian Army

瑞典開發的CV9030N步兵戰鬥車。 攝影：挪威陸軍

陸軍冷知識
挪威陸軍近衛團曾經將榮譽團長（上校）官階頒授予英國動物園內飼養的企鵝。

1628年，為了參與卡爾馬戰爭，國王克里斯丁四世下令創建挪威陸軍。挪威以全民皆兵為導向，在冷戰時期保有較多的兵力。冷戰結束後，陸軍的主要任務變成國土防衛和國際貢獻，因此重新縮編，大幅減少兵力。

目前的挪威陸軍兵力有現役9350人、緊急預備役270人。現役部隊是由職業軍人和徵募士兵所組成，此外還有預備役官兵組成的地區防衛隊，人數達到8萬人。

主力實戰部隊包括1個偵搜營、1個機械化步兵營、1個輕步兵營，配備著德國製豹2A4戰車、瑞典CV9030N步兵戰鬥車、芬蘭XA-180裝甲車等歐洲製造武器，以及美國製的M113裝甲車。

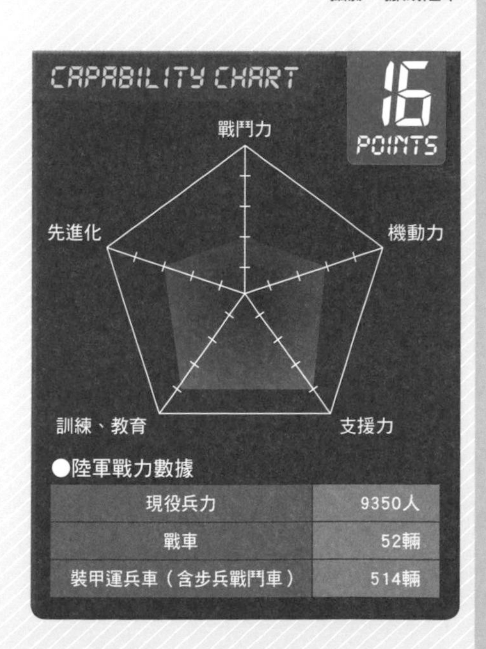

●陸軍戰力數據

現役兵力	9350人
戰車	52輛
裝甲運兵車（含步兵戰鬥車）	514輛

在阿富汗使用美國製武器

匈牙利陸軍

Hungarian Ground Forces

陸軍冷知識

匈牙利擁有一支隸屬於甲聯的足球隊「布達佩斯捍衛者」，最早是起源自陸軍足球隊。

現在數量上仍位居優勢的T-72戰車。 攝影：匈牙利陸軍

匈牙利陸軍成立於1848年匈牙利革命之際，當時稱為國土防衛隊。後來和奧地利分家之後，改稱皇家匈牙利陸軍，第二次世界大戰後則改稱匈牙利陸軍，稱呼多變。2007年起，又改稱為國防軍地面部隊。

現在的匈牙利陸軍擁有現役兵力1萬300人、預備役3萬5200人，此外，還有配備BTR-80裝甲車的邊防部隊1萬2000人。

陸軍的實戰部隊中，有1個特種作戰營、2個機械化步兵旅、1個工兵團、1個支援團。配備著T-72戰車和BTR-80裝甲車、PST水陸兩棲裝甲車等，大多數武器是社會主義國家時期由前蘇聯引進的。不過，派遣到阿富汗的部隊與特種部隊，則是配備M-ATV防地雷裝甲車、HMMVW悍馬多用途四輪傳動車、M249班用機槍等美國製裝備。

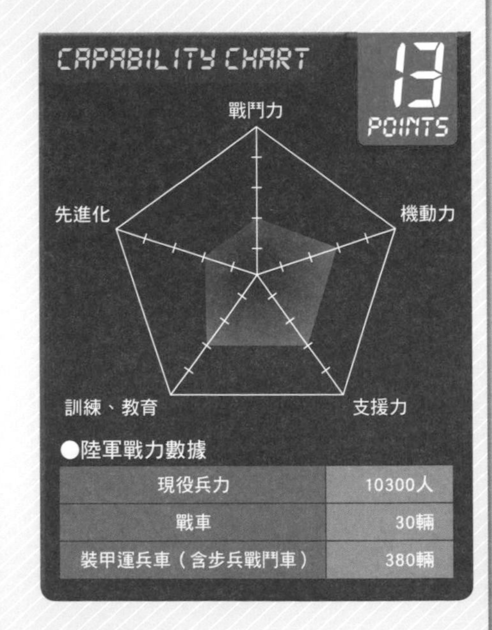

●陸軍戰力數據

現役兵力	10300人
戰車	30輛
裝甲運兵車（含步兵戰鬥車）	380輛

緊急時可動員大量的預備役官兵

芬蘭陸軍

Finnish Army

向德國採購的豹2A4戰車。　　攝影：芬蘭陸軍

陸軍冷知識

芬蘭海軍轄下備有烏西馬旅，任務是沿岸防衛和兩棲登陸作戰。

芬蘭長期以來被俄羅斯與瑞典所控制，在獨立之後，仍舊遭到俄羅斯與蘇聯的威脅，所以遵行全民皆兵理念，常備軍人數少，但緊急時可以動員許多預備役官兵。

現在的芬蘭陸軍中，有現役職業軍人5000人，加上徵募兵1萬1000人，合計有1萬6000人。不過，在緊急時刻，能夠動員最多22萬5000名預備役。除了陸軍之外，還有2800人的邊防部隊，他們也有1萬1500人的預備隊。

陸軍的實戰部隊有2個裝甲旅（團級規模）、2個機械化步兵旅、9個輕步兵旅、1個航空大隊、1個特種作戰營等。芬蘭在第二次世界大戰時曾與蘇聯交戰，後來簽下不平等條約，陸軍被迫採用T-72戰車等蘇聯製裝備。現在則是逐步汰換為豹2A4戰車和CV90步兵戰鬥車等，西歐製造的武器。

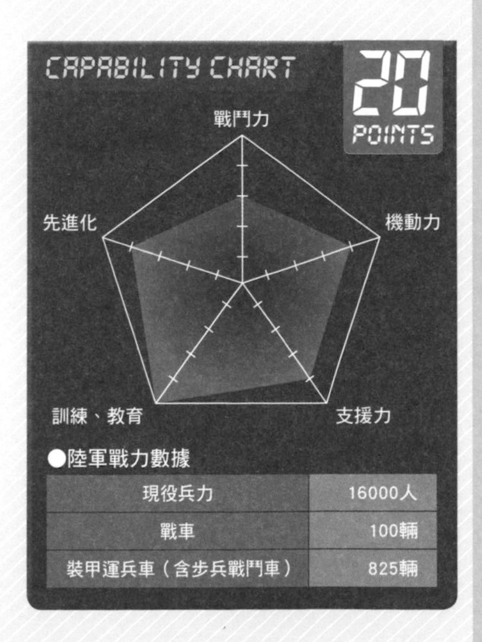

●陸軍戰力數據

現役兵力	16000人
戰車	100輛
裝甲運兵車（含步兵戰鬥車）	825輛

戰車數量銳減到冷戰時期的1/300

保加利亞陸軍

Bulgarian Land Forces

陸軍冷知識

保加利亞陸軍曾派兵前往伊拉克，當時發生了部隊中有30名士兵拒絕派遣命令的事件。

和冷戰時期相比，數量已經大幅減少的T-72戰車。 攝影：保加利亞陸軍

保加利亞陸軍創建於1848年，當時有12個營。第二次世界大戰後，保加利亞成為社會主義國家，加入華沙公約組織，將兵力增加到20萬人以上。現在則是以精良為改進目標，任務是提供防衛國土和國際貢獻。

現在的保加利亞陸軍有兵力1萬6300人，除了陸軍之外，還有12個營的邊防部隊，兵力有1萬2000人。治安維護部隊則是有4000人。

陸軍實戰部隊包括1個特種作戰營、1個裝甲旅、1個機械化步兵旅、1個砲兵／火箭營。在冷戰的顛峰期，保加利亞陸軍曾經擁有超過2500輛戰車，現在則是削減到80輛T-72（不含訓練車），其他裝備如BMP-1步兵戰鬥車等，多半是前蘇聯時期提供，但是憲兵隊則是配備美國製和德國製的突擊步槍。

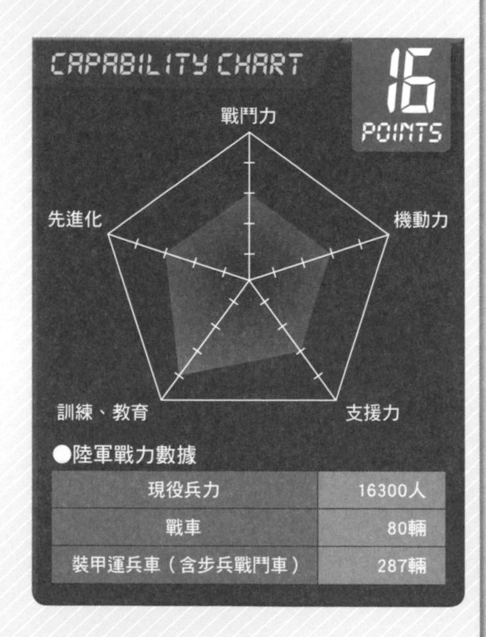

●陸軍戰力數據

現役兵力	16300人
戰車	80輛
裝甲運兵車（含步兵戰鬥車）	287輛

有許多海外駐屯部隊的陸軍

法國陸軍

French Army

雷克勒戰車的模組化裝甲是很鮮明的特色。　攝影：法國陸軍

陸軍冷知識

巴黎市周邊的消防是法國陸軍的任務之一，陸軍在巴黎配置了一個名為巴黎消防旅的部隊。

法國陸軍究竟創建於何時，歷史上有許多不同的看法，至於最接近現代組織的國民軍，則是出自於法國大革命之後。

大革命之後，法國陸軍歷經拿破崙戰爭、第一次、第二次世界大戰，還有法屬印度支那（越南）與阿爾及利亞的獨立戰爭，以及波灣戰爭等，實戰經驗非常豐富。

法國自大革命之後採取徵兵制，陸軍在1996年時保有現役兵力23萬6000人，不過徵兵制在2001年廢止，此後成為只有職業軍人的部隊。

現在的法國陸軍兵力有現役11萬9050人、預備役1萬6000人。現役部隊中包含了7300人的外籍兵團，以及1萬2800人的陸戰隊。除了陸軍之外，還有國家憲兵隊（Gendarmerie），兵員10萬3000人（預備役4萬人），配備有VBC-90裝甲偵察車，足

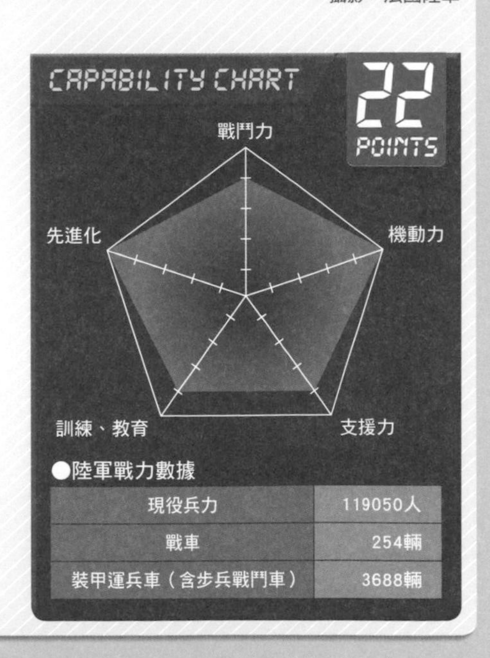

●陸軍戰力數據

現役兵力	119050人
戰車	254輛
裝甲運兵車（含步兵戰鬥車）	3688輛

陸軍冷知識

以前法國陸軍的外籍兵團在加入時必須使用假名，不過近年來已經准許以真名加入了。

法國革命紀念日在巴黎進行閱兵的VBCI步兵戰鬥車。 攝影：法國陸軍

以和小國陸軍相提並論了。

陸軍的實戰部隊包含1個偵搜旅、2個裝甲旅、4個機械化步兵旅（其中1個是德法混成旅）、3個輕步兵團、1個空中機動旅、1個水陸兩棲作戰旅（陸戰隊）、1個山地旅、3個航空團、2200人的特種作戰部隊等。

直到現在，法國在國外仍舊擁有許多海外領土，在非洲和中東，則有許多昔日的殖民地，目前和法國簽訂有安全保障協議，所以在海外的部隊數量不少。

凱薩155mm自走砲的重量比以往的火砲更輕，因此可以用大型直升機空運。 攝影：法國陸軍

武裝配備包括雷克勒Leclerc戰車、AMX-10RC裝甲偵察車、VBCI步兵戰鬥車、VAB裝甲車、凱薩155mm自走榴砲等，幾乎都是法國製造。除了雷克勒戰車和瑞典製BvS10裝甲車外，其他裝甲車大都是輪型裝甲車。

配備的飛機有EC655（虎式）攻擊直升機、SA330多用途直升機，以及NH90多用途直升機，這是德國和空中巴士直升機公司聯合開發生產的機型。

擁有「艦隊」的陸軍

白俄羅斯陸軍

Belarusian Army

射擊訓練中噴出砲口火焰的T-72戰車隊。　攝影：白俄羅斯陸軍

陸軍冷知識

白俄羅斯陸軍在獨立後，仍舊頻繁的和俄羅斯陸軍進行聯合訓練。

白俄羅斯在1991年脫離前蘇聯獨立，白俄羅斯陸軍則是源自前蘇聯白俄羅斯軍管區，繼承了所有部隊與裝備。

白俄羅斯國防軍之中並沒有設置海軍，不過陸軍備有河川艦隊，用於國內河川的警戒。而艦隊的官兵則是依照海軍制度來訂定官階。

現在的白俄羅斯陸軍擁有2萬2500名官兵，加上隸屬於內政部的治安維持部隊9萬8000人，以及1萬2000人的邊防部隊。

陸軍的實戰部隊是由1個特種作戰旅、6個機械化步兵旅、2個砲兵旅、1個火箭旅、1個防空旅所組成。機械化步兵旅之中，有2個旅採用機動性高的輪型裝甲車做為主力。白俄羅斯在獨立之後，仍舊與俄羅斯保持友好關係，所以配備有T-72戰車、T-80戰車等俄羅斯製武器。和其他從蘇聯獨立出來的國家相比，戰車保有數量算是很多的。

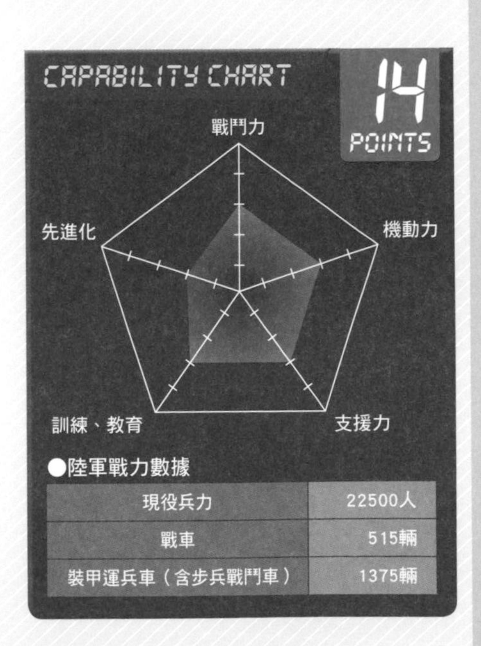

●陸軍戰力數據

現役兵力	22500人
戰車	515輛
裝甲運兵車（含步兵戰鬥車）	1375輛

組織改革後捨棄了陸軍之名

比利時地面部隊

Belgian Land Component

陸軍冷知識

美軍把歐洲司令部設置在比利時，有1200名美軍駐守在比利時。

瑞士開發的食人魚式輪型裝甲車。　　攝影：比利時地面部隊

比利時的正規陸軍誕生於1832年，延續了超過150年，直到2002年編組武裝部隊之後，便廢止了陸軍的名稱，現在只能稱為地面部隊。

冷戰時期的比利時陸軍曾經頗有規模，因為當時是NATO的比利時第1軍的核心。但是，現在兵力已經縮減到1萬1300人。實戰部隊是1個特種作戰群、1個機械化步兵旅、1個砲兵群、2個工兵營。

雖然不像荷蘭那樣捨棄所有的戰車，但比利時也在逐步縮編當中，目前配備16輛德國製豹1A5戰車。用來替代戰車的是瑞士製的食人魚Piranha輪型裝甲車，除了一般的運兵車型外，也有90mm砲塔搭載型、35mm機砲搭載型。此外，還有引進工兵型和裝甲救護車型等各種衍生型。

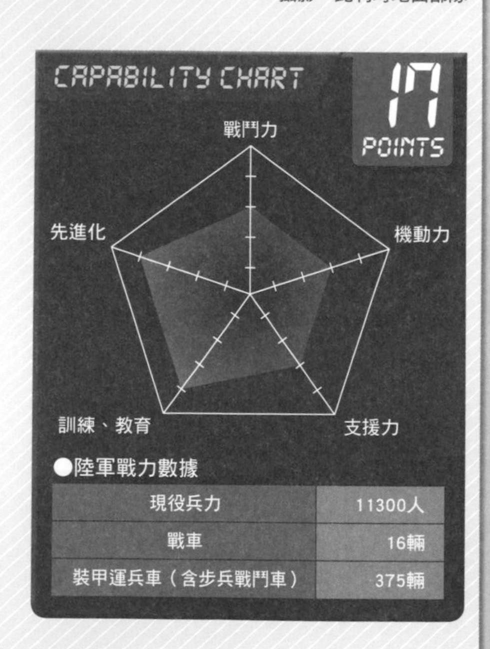

●陸軍戰力數據

現役兵力	11300人
戰車	16輛
裝甲運兵車（含步兵戰鬥車）	375輛

為了防範俄羅斯而增強戰力

波蘭陸軍

Polish Land Forces

豹2A4型改良而成的豹2PL戰車。 攝影：波蘭陸軍

陸軍冷知識

在第二次世界大戰時，參戰的各國陸軍之中，可能只有波蘭陸軍和日本陸軍是拔出軍刀上戰場的。

波蘭陸軍創建於1918年，在第二次世界大戰時被德軍擊潰，直到大戰結束後，才重新恢復，成為正規的國家軍隊。

冷戰時期的波蘭陸軍，擁有20萬人以上的現役兵力，但是冷戰結束之後，兵力也大幅裁減。後來波蘭加入了NATO和EU，相較於現在的東歐各國，波蘭的戰力還是相當強大。

現在波蘭陸軍的兵力有4萬8200人，除了陸軍之外，還有邊防部隊1萬4300人，以及負責對付恐怖組織的警察治安部隊5萬9100人。

陸軍實戰部隊是由3個偵察團、2個機械化步兵師、1個機械化步兵旅、2個空中機動旅、1個航空旅、3個砲兵團所構成。配備武器大都是T-72戰車和BMP-1步兵戰鬥車等前蘇聯製武器。但是，現在也逐步採購德國的豹2A4戰車、美國製的美洲豹Cougar防地雷裝甲車等裝備。

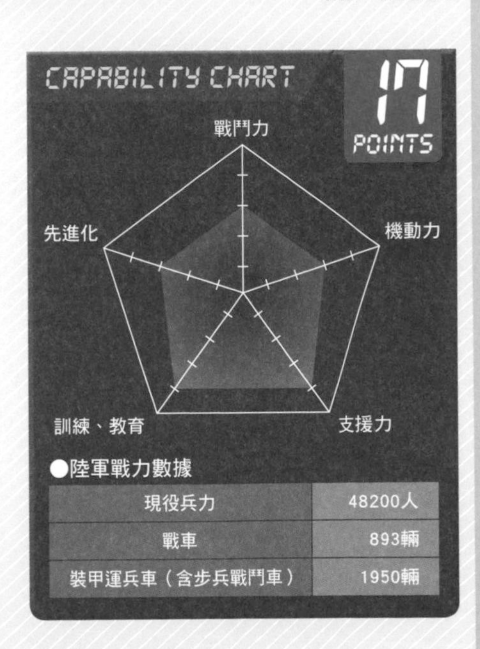

●陸軍戰力數據

現役兵力	48200人
戰車	893輛
裝甲運兵車（含步兵戰鬥車）	1950輛

陸軍冷知識

波士尼亞與赫塞哥維納聯邦軍和賽族共和國軍花了2年才完成軍隊整合作業。

兩支軍隊整合而誕生

波士尼亞與赫塞哥維納武裝部隊

Armed Force of Bosnia and Herzegovina

波士尼亞與赫塞哥維納武裝部隊是由波士尼亞與赫塞哥維納聯邦軍與塞爾維亞人成立的塞族共和國軍整合起來，在2005年創建的。

現在的波士尼亞與赫塞哥維納軍地面部隊擁有現役兵力1萬500人、預備役1400人。平時配置在11個地區擔任輔助支援機構，在緊急時才會集合起來統一指揮。

地面部隊轄下有1個特種作戰群、1個機械化步兵旅、1個輕步兵旅、2個砲兵群。戰車主力則是16輛豹1A5戰車。

由美國提供的M113裝甲車。

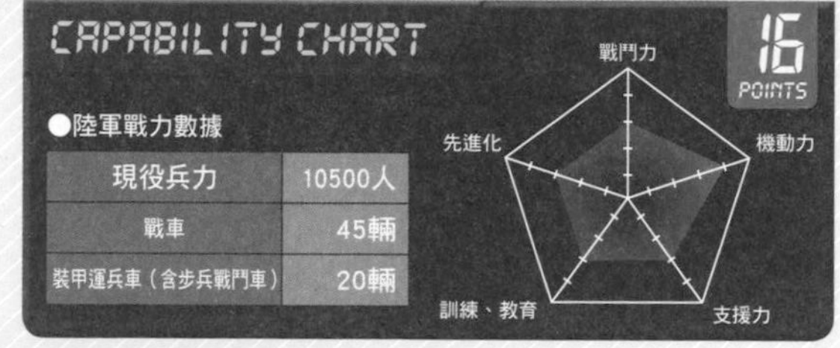

●陸軍戰力數據

現役兵力	10500人
戰車	45輛
裝甲運兵車（含步兵戰鬥車）	20輛

Army Column

歸屬於退伍軍人部的內政部執法用警察組織

法國國家憲兵「Gendarmerie」

Gendarmerie nationale

法國國家憲兵隊（Gendarmerie）這個名稱，源自於古語Gensd'armes（武裝的人們）。

現在的國家憲兵隊主要區分為地區憲兵隊與機動憲兵隊這兩個組織，地區憲兵隊通常是在人口少於1萬人的地區執行警察任務，而機動憲兵隊則是負責鎮壓暴動、對抗恐怖組織。

國家憲兵隊轄下還有傘兵特勤連、憲兵特勤連這2個特種部隊，有時要擔任派駐國外軍事基地的警備。

也會在國外執行軍事任務。 攝影：國家憲兵隊

傳承自12世紀的世界最古老陸軍

葡萄牙陸軍

Portuguese Forces

向荷蘭購買的豹2A6戰車。　　攝影：葡萄牙陸軍

陸軍冷知識

葡萄牙曾經派軍前往阿富汗，但是在2005年遭遇汽車炸彈攻擊，造成官兵傷亡。

葡萄牙陸軍創建於12世紀葡萄牙王國建國當時，此後一直持續傳承，算得上是世界上歷史最悠久的陸軍部隊了。

現在的葡萄牙陸軍備有兵力2萬5700人，緊急時可動員21萬名預備役。

除了陸軍之外，葡萄牙還擁有2萬6100人的共和國國家警備隊、2萬1600人的公共治安維持部隊。

陸軍實戰部隊由1個特種作戰群、1個偵搜旅、2個機械化步兵旅（含砲兵部隊）所構成。

由於葡萄牙的財政不算充裕，陸軍裝備多半是美國製M60A3戰車、M113裝甲車等舊式武器。直到近年才向荷蘭購買中古的豹2A6戰車、向奧地利購買遊騎兵式Pandur裝甲車，逐步將軍備推向現代化。

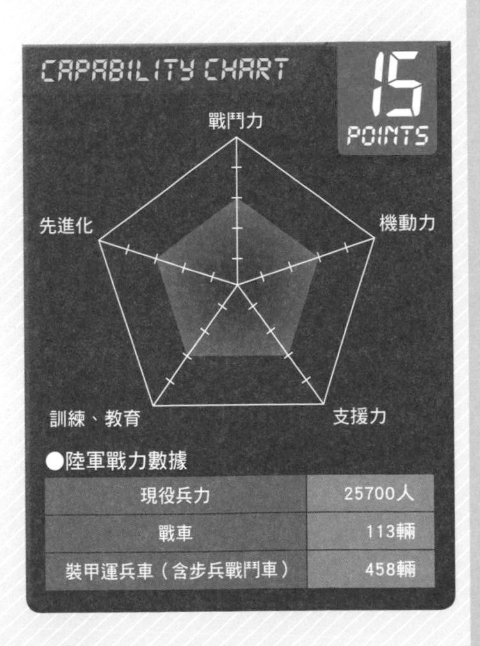

●陸軍戰力數據

現役兵力	25700人
戰車	113輛
裝甲運兵車（含步兵戰鬥車）	458輛

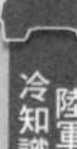

陸軍冷知識

馬其頓很想加盟NATO及EU，希望美國能夠替他們美言，因此曾經派兵前往伊拉克助陣。

曾經和阿爾巴尼亞武裝勢力交戰

馬其頓共和國陸軍 Army of the Republic of Macedonia

馬其頓共和國陸軍創建於1991年，當時馬其頓剛從南斯拉夫聯邦中獨立出來。

現在的馬其頓共和國陸軍有現役兵力8000人、預備役4850人，內政部則是備有5000名武裝警察。

陸軍的實戰部隊包含1個特種作戰團、1個戰車營、1個機械化步兵旅、1個砲兵團等單位。武裝則是T-72戰車等前南斯拉夫聯邦軍既有的裝備。不過，近年來逐漸增加了歐美的武器。

從德國取得的TM-170輪型裝甲車　攝影：馬其頓共和國陸軍

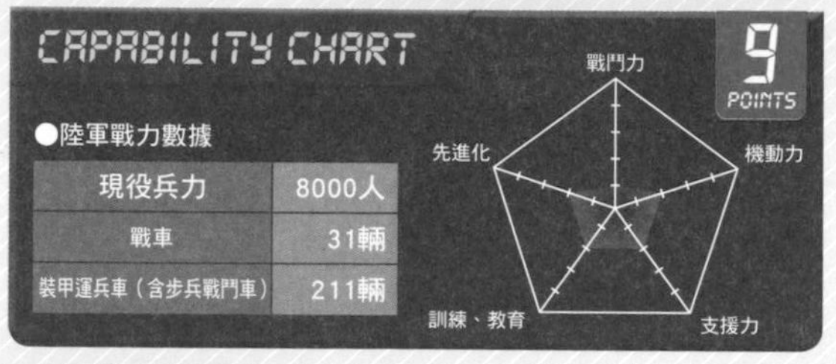

●陸軍戰力數據

現役兵力	8000人
戰車	31輛
裝甲運兵車（含步兵戰鬥車）	211輛

陸軍冷知識

馬爾他航空部隊保有2架SA316B直升機，都已經逐漸老舊，現在正更替為AW139。

獨立9年之後才建軍

馬爾他武裝部隊 Armed Forces of Malta

現在的馬爾他武裝部隊備有兵員1950人，組成1個步兵團和2個支援團。

步兵團轄下有3個步兵連和1個防空排，還有1個特種作戰連。

陸軍規模很小，沒有配備戰車和裝甲車。車輛只有英國製的路華Land Rover防衛者、義大利製伊維柯Iveco VM90等四輪傳動卡車。輕武器類則是向世界各國採購，有蘇聯製的AK-47步槍、德國製MP5衝鋒槍、英國製L9A1輕迫擊砲等。

拖曳著防空機槍的伊維柯VM90。　攝影：馬爾他武裝部隊

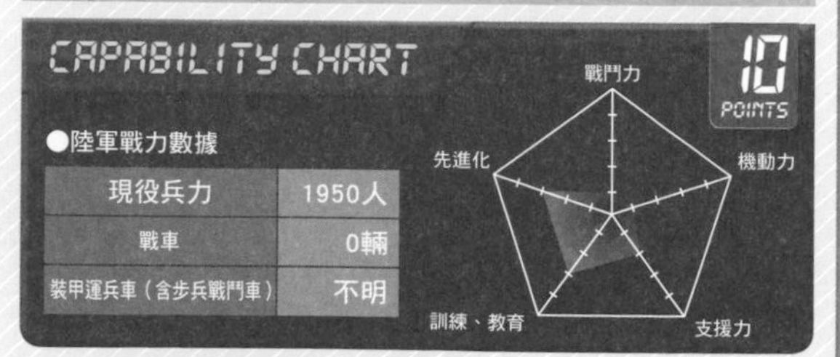

●陸軍戰力數據

現役兵力	1950人
戰車	0輛
裝甲運兵車（含步兵戰鬥車）	不明

建軍之後12年，兵力只剩1/3

摩爾多瓦地面部隊 Moldovan Armed Forces Land Forces

1992年摩爾多瓦建軍當初，摩爾多瓦地面部隊被稱為陸軍，擁有超過1萬人以上的官兵。但是，現在的摩爾多瓦地面部隊只剩下職業軍人1300人、徵募兵1950人，合計3250人。而緊急時可以動員的預備役則有5萬8000人。

實戰部隊是由1個特種作戰營、3個輕步兵旅、1個輕步兵營、1個砲兵營所組成。軍中沒有戰車，但是裝甲車有44輛BMD-1步兵戰鬥車，和TAB-71輪型裝甲車。

噴出引擎排氣煙的TAB-71裝甲車隊。　攝影：摩爾多瓦地面部隊

摩爾多瓦為了和NATO維持友好，參加了伙伴關係，並且派兵前往伊拉克。

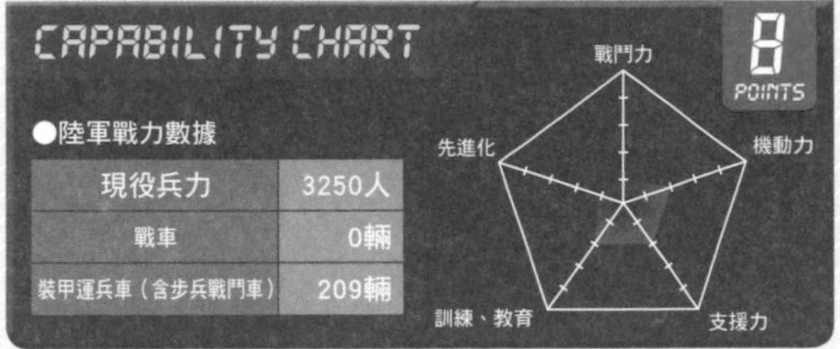

●陸軍戰力數據

現役兵力	3250人
戰車	0輛
裝甲運兵車（含步兵戰鬥車）	209輛

Army Column 在陸軍、海軍、空軍之外，荷蘭的第4軍種

荷蘭皇家憲兵隊

Koninklijke Marechaussee

荷蘭皇家憲兵隊，是參考法國的國家憲兵隊（Gendarmerie），創建於1814年。

皇家憲兵隊的任務相當多樣化，除了擔任憲兵，還要維持治安、對付法移民、保護王室和政府要人、守衛中央銀行、防衛邊境、防守史基浦機場等任務。

武裝配備是一款基於美國製M113A1、經過荷蘭自行改良的YPR-765步兵戰鬥車共24輛。此外，還有比利時製FN303榴彈發射器、美國授權加拿大生產的C7自動步槍（M16的衍生型）等武器。

和王室紋章同樣是深藍色的YPR-765裝甲車。
攝影：荷蘭皇家憲兵隊

陸軍冷知識

蒙特內哥羅還有採用豐田汽車製Land Cruiser。

經歷90年才復活的陸軍

蒙特內哥羅陸軍 Montenegrin Ground Army

蒙特內哥羅在2006年舉行公民投票，從塞爾維亞獨立，之後過了2年到2008年，才建立陸軍，現在則是前往阿富汗投入維和行動，逐步增長實力。

現在的蒙特內哥羅陸軍兵力只有1500人，規模很小，不過，在內政部轄下擁有1萬100人的治安維持部隊。

陸軍實戰部隊包含1個特種作戰旅、1個偵搜連、1個輕步兵旅等單位。沒有配備戰車和步兵戰鬥車，只有南斯拉夫時代殘留下來的8輛BOV-VP裝甲車。

BOV-30防空機砲車，現在已經全數除役。
攝影：蒙特內哥羅陸軍

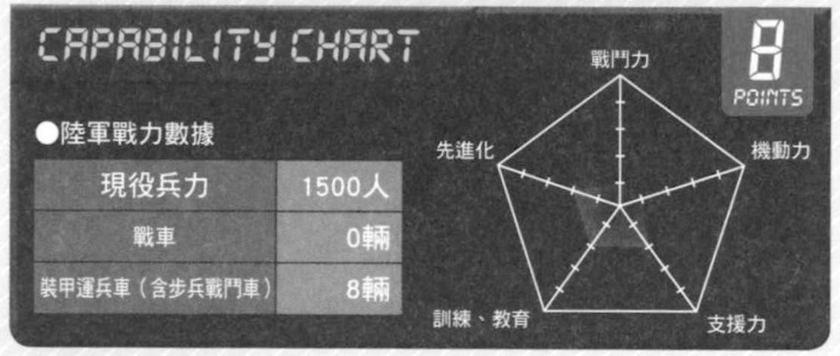

●陸軍戰力數據

現役兵力	1500人
戰車	0輛
裝甲運兵車（含步兵戰鬥車）	8輛

陸軍冷知識

拉脫維亞加盟NATO和EU，被派往阿富汗和科索沃等地。

正在換裝歐美武器裝備

拉脫維亞陸軍 Latvian Land Forces

拉脫維亞陸軍成立於拉脫維亞脫離蘇聯獨立的1991年。現在的拉脫維亞陸軍有兵力1250人，還有陸海空三軍聯合部隊及特種部隊、憲兵部隊2600人。陸軍的實戰部隊僅有1個步兵旅，但預備役則有7850人，負責地區防衛。

拉脫維亞深刻感覺到俄羅斯的軍事威脅，因此向英國進口了120輛CVR（T）裝甲偵察車，以及美國製HMMWV裝甲悍馬車，還有以色列製的釘式Spike反戰車飛彈。

從英國引進的CVR（T）裝甲車。
攝影DOD

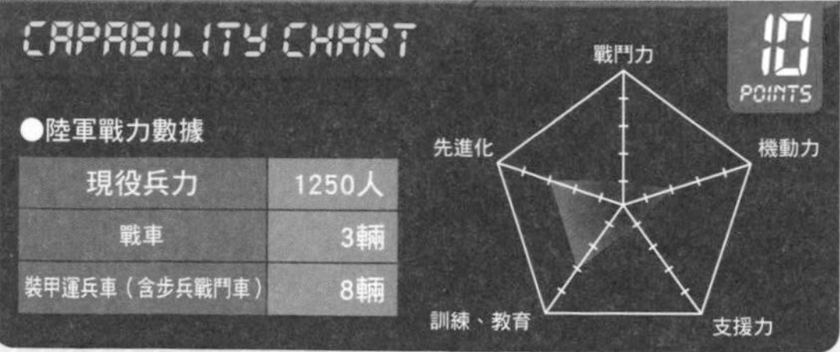

●陸軍戰力數據

現役兵力	1250人
戰車	3輛
裝甲運兵車（含步兵戰鬥車）	8輛

小規模卻派軍前往阿富汗及伊拉克

立陶宛陸軍

Lithuanian Land Forces

正在實施登陸訓練的立陶宛陸軍部隊。　　攝影：立陶宛陸軍

陸軍冷知識

立陶宛的特種部隊屬於陸海空三軍聯合部隊，陸軍派出1個反裝甲營參與其中。

立陶宛陸軍創建於1918年，但是在1944年併入蘇聯之後從此消失，一直到1991年脫離蘇聯獨立，才重新整編。

立陶宛將西歐的防衛與安全保障機構與自家陸軍融合在一起，成為安保支柱，又加盟EU和NATO，派遣部隊前往阿富汗和伊拉克。

現在的立陶宛陸軍備有現役兵力3750人、緊急預備役4400人，規模很小。地區防衛則交給7550人的國防義勇軍，還有4000人的邊防部隊，這些單位在緊急時都會交由陸軍管轄指揮。

實戰部隊包含1個機械化步兵旅、3個輕步兵旅、1個工兵團、1個支援團。過去從前蘇聯取得的武裝除了迫擊砲以外，其他幾乎都汰除了。目前採用美國製的M113裝甲車、瑞典製Bv206裝甲車做為主力。

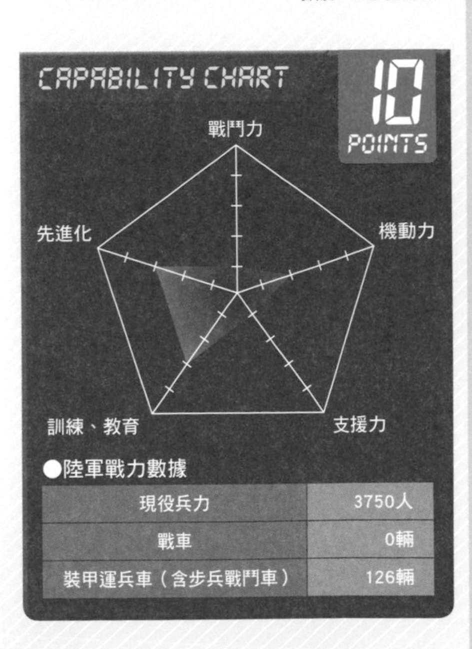

●陸軍戰力數據

現役兵力	3750人
戰車	0輛
裝甲運兵車（含步兵戰鬥車）	126輛

加盟NATO成為東歐各國中的資優生

羅馬尼亞陸軍

Romanian Land Forces

陸軍冷知識 羅馬尼亞非常積極的投入武器國產化，除了TR-85戰車和MLI-84裝甲車之外，還開發出MLVM步兵戰鬥車等武器。

將蘇聯的BMP-1改為國造車輛，稱為MLI-84裝甲車。 攝影：羅馬尼亞陸軍

創建於1860年的羅馬尼亞陸軍，在第一次、第二次世界大戰時，都以戰勝國的姿態迎接戰爭結束。冷戰時期依照蘇聯陸軍規範來建構強大軍事組織，後來發生民主革命、打倒希奧塞古政權後，轉而加盟NATO和EU，並且派遣陸軍前往伊拉克和阿富汗。

現在的羅馬尼亞陸軍備有兵力4萬2600人，除了陸軍之外，還有2萬2900名邊防部隊，以及5萬7000人的國家憲兵隊。陸軍實戰部隊是由1個特種作戰旅、3個偵搜團、5個機械化步兵旅、2個輕步兵旅、2個山地旅、1個砲兵旅所構成。其中撥出1個機械化步兵旅、1個輕步兵旅、1個山地旅擔任NATO常駐待命部隊。

裝備採用國造的TR-85戰車和MLI-84步兵戰鬥車，大多數武器是在社會主義政權時代開發、採購的。

不過，加入NATO之後，也是東歐各國中最快改用歐美武器的國家。

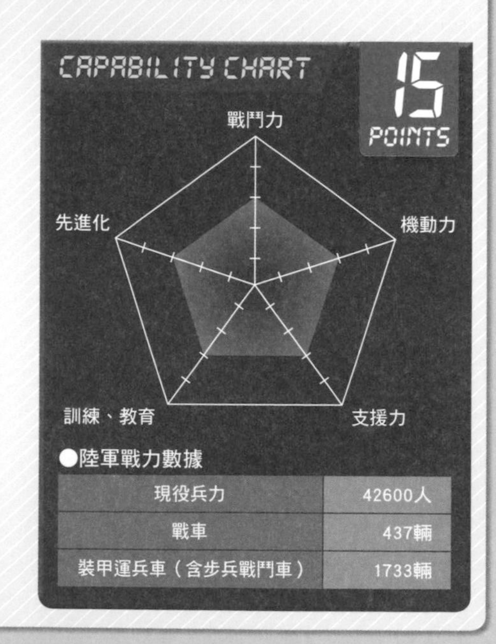

●陸軍戰力數據

現役兵力	42600人
戰車	437輛
裝甲運兵車（含步兵戰鬥車）	1733輛

派兵加入歐洲軍團

盧森堡陸軍 Luxembourg Army

盧森堡是人口約48萬的小國，但是擁有正規陸軍。

盧森堡陸軍有兵力900人、另有準軍事組織的國家憲兵隊610人。陸軍實戰部隊包含2個偵搜連和1個步兵連。偵搜連轄下有連本部、2個步槍排，4個配備TOW式反戰車飛彈的反戰車排。其中1個偵搜連歸於NATO轄下，另1個則是加入歐洲軍團。

盧森堡沒有配備戰車，只有48輛德國製澳洲野犬Dingo II型裝甲車。

沿用烏尼馬底盤的澳洲野犬II型裝甲車。　攝影：盧森堡陸軍

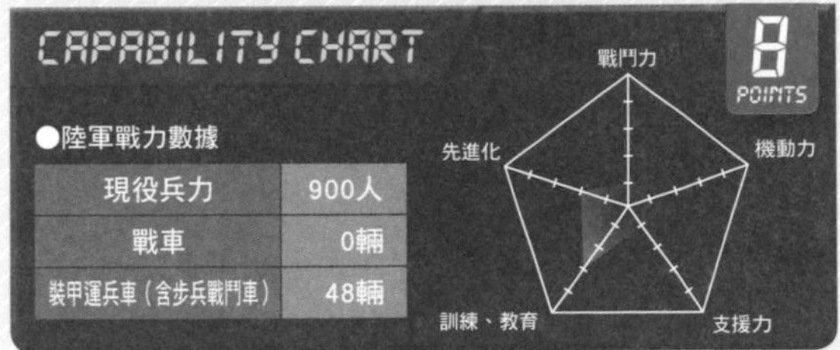

●陸軍戰力數據

現役兵力	900人
戰車	0輛
裝甲運兵車（含步兵戰鬥車）	48輛

陸軍冷知識

盧森堡陸軍雖然沒有砲兵部隊，但是保有一些英國製25磅砲，經過改造當作禮砲。

Army Column

歸屬於國防部、由內政部管理的西班牙準軍事組織

西班牙國民警備隊 Guardia Civil

西班牙也設有名為「Guardia Civil」的國民警備隊，地位相當於國家憲兵隊。

和其他歐洲國家的國家憲兵隊類似，國民警備隊的任務相當多樣化，在國內維持治安和邊防防衛，在國外則是保護大使館，甚至囊括對抗電腦犯罪與核發狩獵許可證等工作。

國民警備隊之中，有專門營救人質的特種部隊（別名特種介入部隊），戰力據説高過於國家警察轄下的反恐特種部隊GEO。

在國內外執行各種行動。
攝影：Airam Hernandez Gomez

改革軍制企圖強化戰力

俄羅斯陸軍

Russian Ground Forces

陸軍冷知識

俄羅斯雖然進行軍制改革，但現代年輕人不想當兵、部隊常發生虐待事件，加上少子化與高齡化問題，所以在兵員人數方面遭遇到不少困擾。

砲管指向左側，在雪地中行駛的T-90A戰車。 攝影：俄羅斯陸軍

俄國在1721年成立了第一個現代陸軍，經歷130年之後，到了1850年，兵力已經超過100萬人。1917年，俄國發生革命，但巨型陸軍保留了下來，經歷過第二次世界大戰的苦戰，終於擊敗德國贏得勝利。

從革命到第二次世界大戰前，這段期間蘇聯陸軍沒有設置軍令機構。

在草原上受訓的BMD-2空降戰鬥車。
攝影：俄羅斯陸軍

第二次世界大戰時為了控制龐大的軍力，必須成立陸軍總司令部，只是總司令部屢次重建又解散，沒能夠建立起依法有據的陸軍軍種。因此，俄羅斯沒有使用歐美國家常用的「Army」（陸軍）稱呼，而是使用「Ground Forces」（地面部隊）的稱呼。直到現在，歐美國家仍舊把俄羅斯陸軍稱之為地面部隊。

在蘇聯崩潰之後，基於財政惡化的理由，維持巨型陸軍一度變的非常困難。而且，裝備沒有更新，戰力不斷耗弱，1994年和車臣交戰就陷入苦戰之中。

2000年，以重建「強大俄羅斯」為目標的普丁總統，在削減戰力的同時，開始調整軍制，更換新式裝備、調整更有效率的組織。

陸軍冷知識

俄羅斯原本預定要生產配備135mm主砲的新型T-95戰車，但受限於預算問題，決定取消計畫。

2S19 MSTA 152mm自走榴砲。　攝影：俄羅斯陸軍

不過，自從蘇聯崩潰後，軍需產業就日漸弱化，加上軍方內部反組織改革的意見很強，遲遲沒有進步。到了2008年，好不容易在南奧塞提亞戰勝，但是對付兵力居於劣勢的喬治亞陸軍，還是陷入苦戰。

幸好，基於奧塞提亞紛爭的實戰經驗，俄羅斯陸軍決定加強機動力和情報蒐集能力，由謝爾久科夫國防部長（當時）主導軍方改革，此後走向兵力較少但裝備更強、更有效率的新式陸軍，確實提升了陸軍戰力。

現在的俄羅斯陸軍備有現役職業軍人20萬5000人、徵募兵8萬人，合計28萬5000人，在緊急時還能動員超過100萬人的預備軍。

除了陸軍之外，海軍轄下也成立了包括2個特種作戰旅、1個機械化步兵旅、1個機械化步兵團，合計2萬人的海軍步兵（陸戰

分列式訓練中的BMP-3步兵戰鬥車。
攝影：俄羅斯陸軍

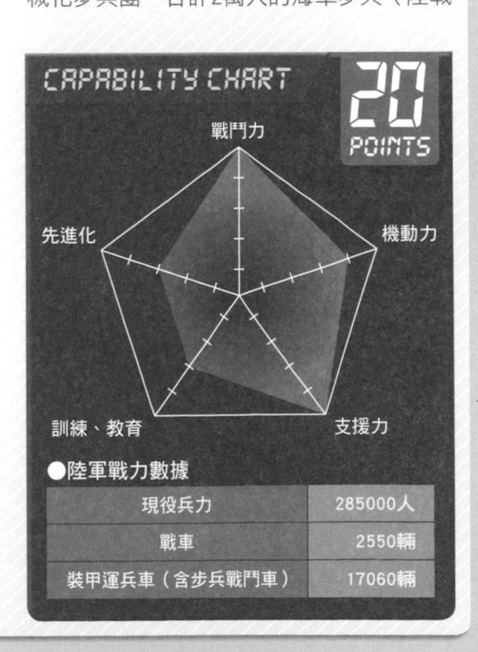

●陸軍戰力數據

現役兵力	285000人
戰車	2550輛
裝甲運兵車（含步兵戰鬥車）	17060輛

陸軍冷知識

取消T-95戰車計畫之後，俄羅斯陸軍採用了T-90A戰車，而且還有情報指出正在開發新型戰車。

在閱兵分列式中展現雄壯威武的裝甲部隊。 攝影：俄羅斯陸軍

隊）。另外，還有3萬5000人的空降軍。

俄羅斯保有許多準軍事組織，例如聯邦保安廳轄下的16萬名邊防部隊、隸屬於內政部的5萬名特種部隊，兵力加起來多達52萬人。這麼多的準軍事組織，在危急時納入國防部指揮下，成為陸軍的一分子。

陸軍的實戰部隊是由2個特種作戰旅、1個偵搜旅、1個裝甲師、1個裝甲旅、38個機械化步兵旅、6個空中機動旅、8個砲兵旅、10個防空旅等單位構成。

創建當初，俄羅斯陸軍把軍制劃分為軍區—軍團—師—團這樣的四層結構。到了2008年時，梅德維傑夫總統（當時）以「俄羅斯聯邦軍的將來」為題，調整改革方向，現在變成軍區—作戰指揮部—旅的三層結構。軍區也從原本的莫斯科、列寧格勒、伏爾加沿岸與伏爾加、北高加索、西伯利亞、遠東這六個軍區，重整為西部、南部、中央、東部這四個軍區。

齊射訓練的俄羅斯陸軍砲兵部隊。
攝影：俄羅斯陸軍

99K37（SA-11）地對空飛彈。 攝影：俄羅斯陸軍

武器方面，除了以色列製的UAV（無人飛行載具）之外，其他全都是國產武器。T-72戰車在波灣戰爭時被戲稱為「活靶」，

俄羅斯空降軍配備著可以用降落傘空投的BMD-4空降戰鬥車等多款裝甲戰鬥車。

俄羅斯陸軍保有大量的裝甲車輛。

攝影：俄羅斯陸軍

但是仍舊在生產外銷，至於高價、高性能的T-80U，則是把科技移轉給T-72進行改良，開發出了T-90戰車。

目前外銷戰車又追加了新技術，名為T-90A和T-80，這些都是主力戰車。步兵戰鬥車則是採用新設計的BMP-3，汰換舊式的BMP-1/2。

為了提升戰鬥力，BMP-2裝甲車的砲塔比BMP-1更大。

閱兵行進中的RT-2PM2彈道飛彈。

攝影：俄羅斯陸軍

此外，受到軍制改進的影響，專為巡邏和特種作戰部隊引進了四輪傳動「虎式Tiger」輕裝甲車，還有UAV（無人飛行載具）等過去沒使用過的新武器。

陸軍武器的基礎知識

陸軍武器種類繁多，輕武器必須廣泛配備

相較於以飛機為主力的空軍、以艦艇為主力的海軍，陸軍採用的武器種類就相當多樣化了。

陸軍武器中，最廣泛配備的、也最不可或缺的，就是士兵攜帶的步槍。在第二次世界大戰時，除了美國陸軍之外，大多數國家還在採用射擊後手動拉槍機退殼、裝填的手動槍栓步槍（Bolt Action）。後來，步槍走向自動化，射擊、退殼、再裝填一氣呵成，射手只需要瞄準扣扳機即可，這種可以連續射擊的步槍，被稱為突擊步槍（Assault Rifle）。

在很多戰鬥中，需要比突擊步槍更強大的火力，這時就要使用班用機槍或排用機槍了。機槍分為大口徑的重機槍，以及小口徑的輕機槍。大多數國家為了彈藥通用化，會讓輕機槍和突擊步槍採用相同規格的子彈。

為了搭配日本人的體格，採用了比他國更輕的62式機槍，一樣採用7.62mm子彈。 攝影：陸上自衛隊

瑞典FFV公司開發的卡爾・古斯塔夫84mm無後座力砲，在日本則是獲得授權生產。 攝影：陸上自衛隊

突擊步槍和機槍在對付步兵與非裝甲車輛時可以發揮威力，但是遇到裝甲車或戰車時則是毫無效用，因此現代步兵還得要攜帶反戰車專用的武器。

常見的攜帶式反戰車武器，包括俄羅斯的RPG系列反戰車火箭彈、日本陸上自衛隊採用的卡爾・古斯塔夫無後座力砲、美國的標槍飛彈等反戰車武器。當然，造價便宜又容易使用的RPG反戰車火箭彈，成了許多國家陸軍的首選。

以火砲為主角的中一長距離戰鬥

剛才介紹的都是近距離戰鬥的武器，至於中——長距離戰鬥的主角，則是要靠火砲。火砲擁有悠久的歷史，雖然今天全世界開發出各種式樣的步槍，但火砲方面仍舊以榴砲、迫擊砲、火箭為主力。另外，有些火砲會搭載在履帶裝甲車和輪型裝甲車上，搖身變為自走砲。

自從內燃機實用化以後，車輛成為陸軍不可或缺的裝備。

陸軍採用的大都是四輪傳動車，例如美國的HMMVW悍馬和陸上自衛隊的高機動車，這些原本專為軍用而開發的車輛，在幾年後常會變成民間販賣的越野車，尤其是日本這樣的汽車製造國，把軍用車設計轉為民用是很常見的。

至於在車體上加上裝甲以提升防護力的裝甲車，可分為M113之類的履帶裝甲車，或食人魚式Piranha的輪型裝甲車。履帶裝甲車的車速比輪型裝甲車慢，而且重量大幅超越輪型裝甲車，算是一大缺點。不過，履帶裝甲車的越野效能比輪型裝甲車更好，而且裝甲也更厚，這是輪型裝甲車比不上的。

相對的，輪型裝甲車的速度快，行駛在公路上也不會像履帶裝甲車那樣壓壞路面，耗油量低、可以沿著高速公路行駛，快速抵達戰場。此外，輪型裝甲車的重量比履帶裝甲車輕，能夠用船舶和飛機載運，優點不少。只是輪型裝甲車要求速度，所以裝甲較薄，這是輪型裝甲車的最大缺憾。

冷戰之後，陸軍為了強化非正規戰的對應能力，採用了更多的輪型裝甲車。

暱稱「重鎚」的RT 120mm迫擊砲。 攝影：陸上自衛隊

M113裝甲運兵車。在特定環境下，能夠在沼澤和小河中浮航。
攝影：Jeff Kubina

採用越野輪胎，在惡劣地形也能行駛的高機動車。

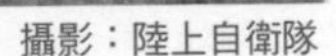

攝影：陸上自衛隊

美國陸戰隊的輪型裝甲車LAV。 攝影：High Contrast

機動戰鬥車能夠用運輸機載運，在公路上能發揮優秀的機動力。
攝影：陸上自衛隊

陸軍部隊中，最強大的突破力是裝甲部隊，也就是戰車和步兵戰鬥車組成的單位。戰車是重裝甲的履帶裝甲車，可以搭載強大的戰車砲。現代的戰車砲口徑大多介於105-125mm，是目前的主流。

陸上自衛隊有開發出機動戰鬥車，是搭載戰車主砲的輪型裝甲車，能夠和輪型裝甲車部隊一樣快速移防，可是裝甲很薄弱。真要和戰車對抗，還是得要配備驅逐戰車和裝甲偵察車。

步兵戰鬥車是一種載著步兵伴隨戰車一同行動的車輛，當步兵下車戰鬥時，裝甲車上搭載的機砲和反戰車飛彈會適度的提供火力支援。

攝影：以色列陸軍

Section 4

全球161國陸軍戰力完整絕密收錄

西亞地區

派遣部隊前往阿富汗與伊拉克

亞塞拜然陸軍

Azerbaijani Land Forces

陸軍冷知識

亞塞拜然積極的參與聯合國PKO（維和行動），陸軍曾派往科索沃、阿富汗、伊拉克等地。

在訓練中射擊125mm主砲的T-90戰車。 攝影：Dzhamaal Azif

亞塞拜然陸軍創建於1991年，是一個歸屬於亞塞拜然國防軍轄下的部門。亞塞拜然是實施徵兵制的國家，陸軍規定兵役要服17個月。目前的現役兵力有5萬6480人，至於預備役則有30萬人可以動員。

亞塞拜然的陸軍組織，被劃分成5個軍，各軍編制有裝甲旅和摩托化狙擊旅等5個旅組成1個軍。

亞塞拜然國防軍配備的武器是過去蘇聯占領軍的裝備，到了現在，仍舊在使用AK-74M步槍，戰車也是T-90和T-72等俄羅斯製戰車。不過，亞塞拜然想和NATO保持友好，所以加入了伙伴關係。由土耳其代理訓練的特種部隊，配備的是美國製的M4卡賓槍和土耳其Otokar公司製裝甲車。

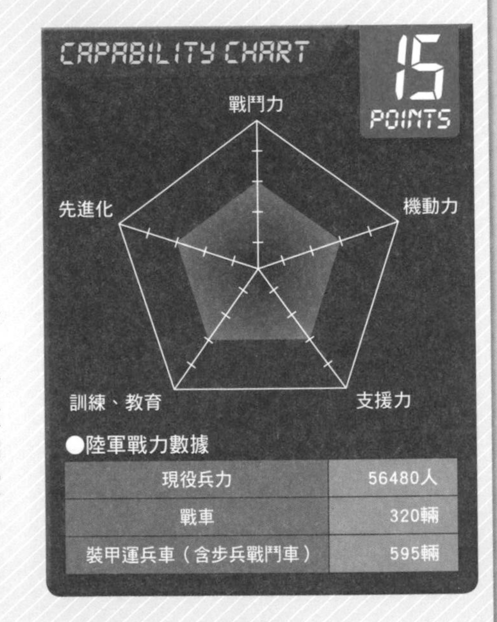

●陸軍戰力數據

現役兵力	56480人
戰車	320輛
裝甲運兵車（含步兵戰鬥車）	595輛

在國際社會的支援下重建

阿富汗國民陸軍

Afgan National Army

在閱兵中行進的BMP-1步兵戰鬥車。 攝影：阿富汗國民陸軍

陸軍冷知識

長年來的戰爭導致阿富汗國民教育水準低落，加入國民陸軍的新兵則可以上課學習讀書寫字。

阿富汗國民陸軍是以反塔利班武裝勢力來重新整編，在2002年創建的陸軍。

整編當初兵力僅有2000人，不過這些年來已經累積到總兵力20萬人，編組成6個軍，駐守在坎達哈、馬扎里沙里夫等軍事要地。除了國民陸軍之外，阿富汗還備有國家警察與邊防警察等準軍事組織，將來還要增設空軍，變成一個總兵力多達40萬人的部隊。

戰鬥車輛以共產政權時期蘇聯提供的T-55戰車等做為主力，近來，則是接收了許多美國製M16步槍、加拿大C7步槍、美國製HMMVW多用途四輪傳動車等歐美提供的裝備。此外，俄羅斯也提供T-72戰車和Mi-35攻擊直升機給阿富汗。

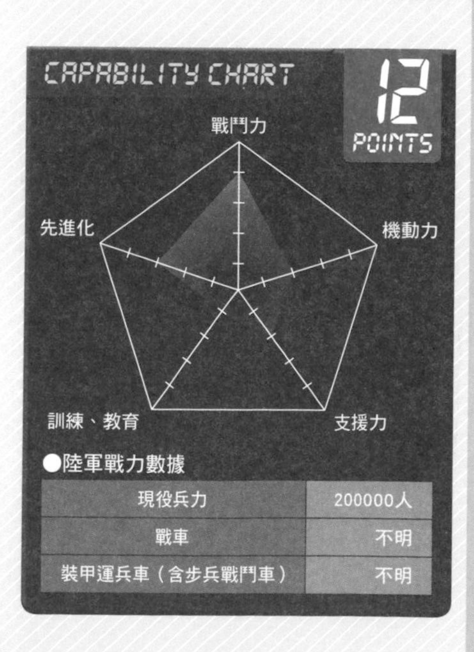

●陸軍戰力數據

現役兵力	200000人
戰車	不明
裝甲運兵車（含步兵戰鬥車）	不明

3個酋長國軍隊所組成的聯合陸軍

阿拉伯聯合大公國陸軍

United Arab Emiretes Army

陸軍冷知識

UAE因為產油致富，國民生活福祉佳，國內有不少無業人口。所以，改採徵兵制帶有一些改變國民意識的功用。

從俄羅斯採購的BMP-3步兵戰鬥車。 攝影：Muhamad Hilal

阿拉伯聯合大公國（UAE）是由7個酋長國聯合組成的國家，而軍隊則是由阿布達比、杜拜、拉斯海瑪這3個酋長國派兵組成。

現在的UAE陸軍備有4萬4000名現役軍人，其中有1萬5000人是來自杜拜酋長國。

在先進國家正從徵兵制走向募兵制時，UAE在2014年1月起，對十八歲以上男性國民實行徵兵制，女性則可以志願加入。因為改行徵兵制，使得編組預備軍的方針得以實現。

裝備方面，備有雷克勒主力戰車和潘哈德Panhard M3輪型裝甲車，這些大多是法國製戰鬥車輛。另外，還有採購俄羅斯製BMP-3步兵戰鬥車、土耳其的ACV-300履帶裝甲車、美國製M-ATV防地雷裝甲車等法國以外的武器。

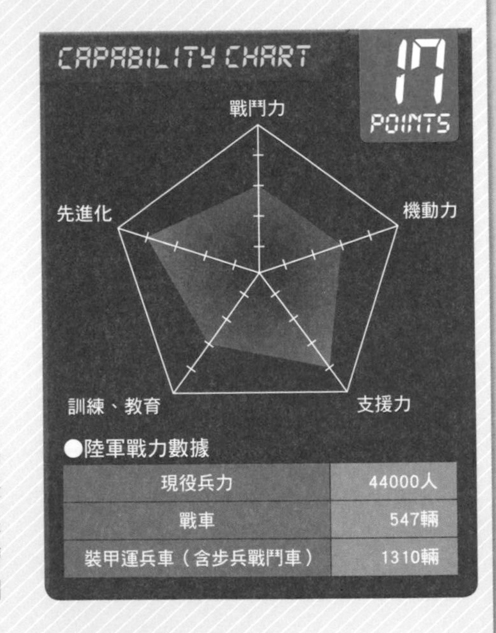

●陸軍戰力數據

現役兵力	44000人
戰車	547輛
裝甲運兵車（含步兵戰鬥車）	1310輛

在蘇聯崩毀前誕生的陸軍

亞美尼亞共和國陸軍

Republic of Armenia Army

前蘇聯製BTR-70輪型裝甲運兵車。

攝影：亞美尼亞共和國陸軍

亞美尼亞是1991年蘇聯解體時才誕生的國家，但是陸軍則更早一步，在蘇聯解體前的1990年組成，目的是為了對抗納戈爾諾－卡拉巴赫自治州的獨立派，而成立了亞美尼亞內政部特戰團。亞美尼亞獨立之後，就以該團做為核心創建了共和國陸軍，並且一路走到今天。

現在的亞美尼亞共和國陸軍有現役兵力4萬5850人，其中1萬9950人是志願役、2萬5900人是徵兵。基本作戰單位是每3-4個營組成1個旅，再搭配摩托化狙擊旅、砲兵旅等單位，建構出5個軍。

亞美尼亞的陸軍裝備，例如T-80戰車和T-72戰車等，都是前蘇聯駐軍遺留下來的武器。在獨立建國後，新引進的武器也是以俄羅斯製為主。

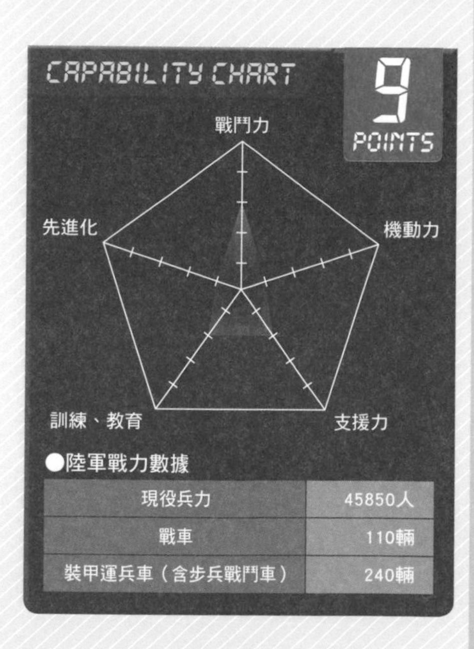

●陸軍戰力數據

現役兵力	45850人
戰車	110輛
裝甲運兵車（含步兵戰鬥車）	240輛

陸軍冷知識

獨立建國時，亞美尼亞共和國陸軍中有一批軍官決定加強教育體制，使得兵員人數漸漸增加。

建國歷史顯現在東西兩陣營的武器裝備上

葉門陸軍

Yemen Army

陸軍冷知識

葉門在掃蕩蓋達組織時與美國拉近距離，陸軍也增購了HMMWV悍馬等美國製武器。

前蘇聯提供的主力T-62戰車。 攝影：葉門陸軍

葉門陸軍是1990年南葉門、北葉門兩國合併時成立的。從創建到現在已經過了25年，中途經歷過1994年的葉門內戰，以及掃蕩國內蓋達組織據點的戰鬥。

現在的葉門陸軍有現役兵力6萬人，組成8個裝甲旅、16個步兵旅、3個砲兵旅、1個特種作戰旅，另外加上內政部中央保安機構、共和國防衛隊等準軍事組織約7萬人。

在統一前，北葉門受到歐美國家援助，南葉門受到蘇聯的支援，因此現在的葉門陸軍同時繼承了兩大陣營的武器與裝備。和其他中東國家相較，葉門算是裝甲戰力數一數二的國家，轄下擁有蘇聯製T-62和美國製M60戰車超過1200輛，步兵戰鬥車則有700輛以上的蘇聯製BMP-1/2，裝甲車則有2000多輛美國製M113等車型。

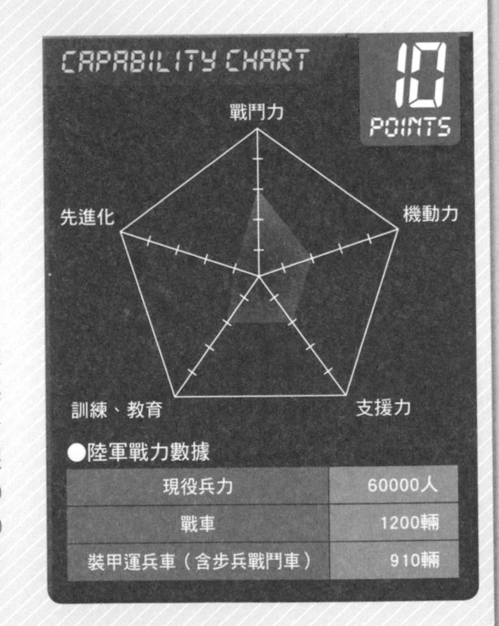

●陸軍戰力數據

現役兵力	60000人
戰車	1200輛
裝甲運兵車（含步兵戰鬥車）	910輛

擁有豐富實戰經驗的中東最強陸軍

以色列陸軍

Israel Armed Corps

最新型MBT（主力戰車）梅卡瓦Mk.4。

攝影：以色列陸軍

以色列陸軍創始於1948年，當時是以猶太人自主防衛組織哈加納Haganah為基礎，加入英國陸軍的猶太旅退伍官兵所創建。現在的以色列陸軍有13萬3000人，除了陸軍之外，還設有邊防部隊。

從創建之日到今天，以色列陸軍經歷了第1次至第4次中東戰爭、黎巴嫩紛爭、加薩紛爭等，實戰經驗豐富，雖然兵力不如周遭國家，但是論戰力則是中東最強。部隊是由2個裝甲師、15個裝甲旅、4個步兵師、12個步兵旅、4個砲兵團所構成。因為採用徵兵制，在緊急時能夠迅速動員50萬官兵增強部隊。

以色列陸軍的武器開發能力很強，是該國的特色。例如，陸軍主力戰車梅卡瓦Merkava、裝甲車阿奇扎里特Achzarit（使用擄獲的T-55戰車改造）、加利突擊步槍等，有許多武器配備都是自行研發生產的。

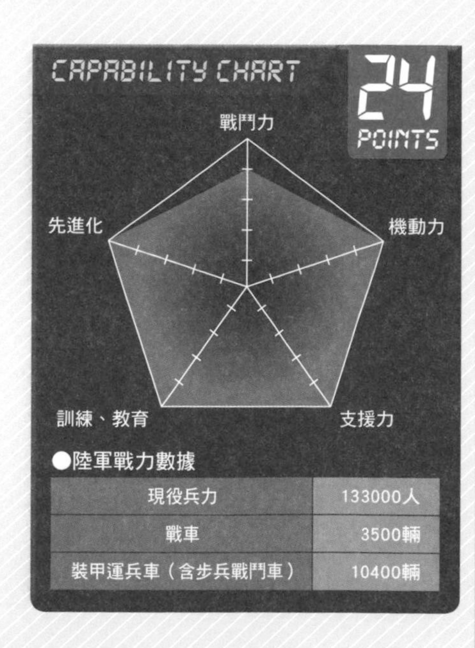

●陸軍戰力數據

現役兵力	133000人
戰車	3500輛
裝甲運兵車（含步兵戰鬥車）	10400輛

陸軍冷知識

以色列陸軍創建當初，為了取得武器絞盡腦汁，曾發生過官兵化妝為女性，吸引英軍注意，然後另一批人偷走戰車的軼事。

在美國主導下重建的陸軍

伊拉克陸軍

Iraqi Army

陸軍冷知識

雖然伊拉克陸軍官兵眾多，武器也很先進，但是陸軍士氣不高，現在則是和名為「ISIS伊斯蘭國」的武裝集團陷入苦戰。

海珊政權時代就採用的T-72戰車。　攝影：伊拉克陸軍

在1991年波灣戰爭前，伊拉克陸軍算的上是世界排名前幾名的強大陸軍戰力。但是，經歷過波灣戰爭和2003年伊拉克戰爭之後，陸軍蒙受慘重的損失，在海珊政權瓦解之際，陸軍也跟著解體了。

現在的伊拉克陸軍是2003年重新組成的，建軍方向和過去不同，完全在美國與多國聯軍的指導下建構。現在伊拉克陸軍的現役兵力有27萬1500人（預備役52萬8500人），編組成13個師，每個師轄下有4個旅。準軍事組織方面，有內政部管轄的國家警察和邊防部隊，以及專門保護政府機關和護衛要人的設施警備隊。

伊拉克陸軍重建當初，使用的是海珊政權遺留下來的武器，現在則是汰換為美國製M1艾布蘭戰車等美式裝備。另外，希臘也有提供一些中古的BMP-1步兵戰鬥車。

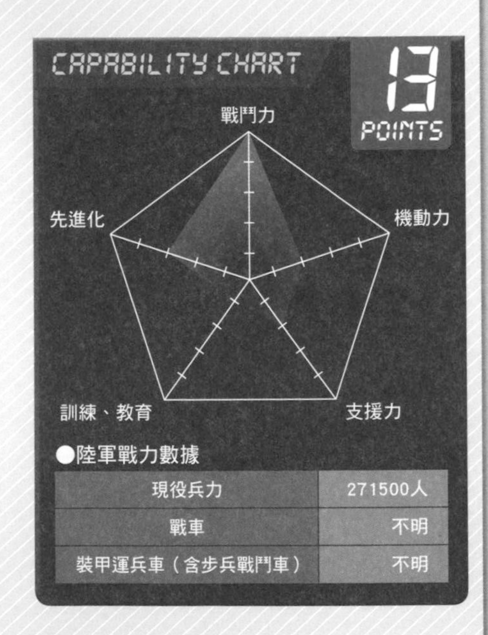

●陸軍戰力數據

現役兵力	271500人
戰車	不明
裝甲運兵車（含步兵戰鬥車）	不明

陸軍之外還有精銳的革命衛隊

伊朗伊斯蘭共和國陸軍

Islamic Republic of Iran Army

伊朗革命前採購的美國製M60戰車。 攝影：Iran Military

伊朗伊斯蘭共和國陸軍是1979年伊朗革命之後建立的陸軍，現在備有現役兵力35萬人，以及相等數量的預備役。從架構來說，總計劃分為5個軍，各軍轄下配置了4個裝甲師和6個步兵師的實戰部隊。

伊朗另外擁有一個統轄自有陸海空軍的伊斯蘭革命衛隊，這支部隊和陸軍不同，革命衛隊的陸軍人數約10萬人，還有特種作戰部隊「夸托爾・戈多斯」（約1萬5000人）、民兵及義勇兵部隊「巴蘇吉」（現役約9萬人、預備役30萬人）等武裝組織。

在革命前，伊朗陸軍的武器是向美國等西方國家採購，革命後則是轉向中國採購，加上本國也有生產武器，因此種類繁多。光是戰車這一項，就有國產的索法加Zolfaqar、英國的酋長式Chieftain、美國製M60、俄羅斯製T-72等9種之多。

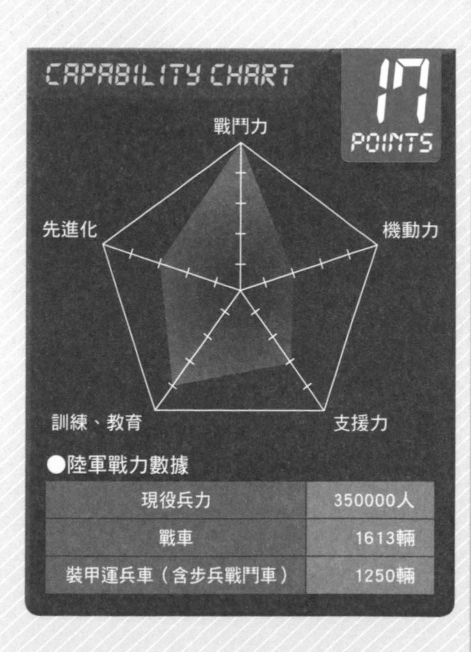

●陸軍戰力數據

現役兵力	350000人
戰車	1613輛
裝甲運兵車（含步兵戰鬥車）	1250輛

陸軍冷知識

過去伊朗與伊拉克可說是不共戴天之仇，但是現在伊拉克改為什葉派執政，伊朗反過來派遣革命衛隊前往支援，情況大為改善。

Army Column 陸軍的大敵，中東、北非的恐怖組織

過去，陸軍的大敵是他國的陸軍，但是到了今天，許多國家的陸軍的大敵變成了不屬於特定國家的武裝集團。

這類武裝集團最活躍的地區在中東和北非，與這些地區的各國陸軍進行激烈的戰鬥。

說起中東和北非最具代表性的武裝集團，就是長期與以色列對抗的巴勒斯坦「哈瑪斯」派系，以及攻擊無限制的「蓋達組織」。

哈瑪斯和蓋達組織都是奠基於伊斯蘭教，將以色列、美國、西歐各國視為敵人，這點是相同的。哈瑪斯的部隊會發射火箭轟擊以色列領土，或是派出自殺炸彈客，對以色列形成壓力。而蓋達組織則是2001年在美國發動911連續恐怖攻擊、2004年爆破西班牙列車，他們提倡嚴格的伊斯蘭基本教義，影響伊斯蘭國家的人民，並且不斷的在歐美各地發起恐攻行動。

哈瑪斯和蓋達組織兩方壁壘分明，哈瑪斯甚至會去攻擊那些被蓋達滲透的伊斯蘭國家。

至於在伊拉克與敘利亞之間活動的ISIS（伊斯蘭國）武裝集團，雖然同樣尊奉基本教義，但是手段非常凶殘，與蓋達組織不合。ISIS擁有一些從伊拉克軍隊擄獲的美國製、歐洲製武器，戰鬥經驗豐富，不斷擴張占領區，被歐美各國和中東的穩定國家視為大敵，因此派遣戰機前往ISIS占領區實施轟炸。

蓋達組織（上）與哈瑪斯（下）的旗幟。

獨立後仍舊與俄羅斯保持合作關係

烏茲別克陸軍

Uzbek Ground Force

訓練中的BTR-70裝甲運兵車和士兵。 攝影：Andy Walsh

烏茲別克陸軍成立於1992年2月，當時是以駐防在烏茲別克的蘇聯土耳其斯坦軍區第1軍團為基幹重編而成。但是烏茲別克並不需要規模這麼大的陸軍，於是和俄羅斯達成協議，設置聯合司令部，將陸軍置於司令部指揮下。到了該年8月，聯合司令部解散，才納入國防部管制之下。

現在的烏茲別克陸軍有現役兵力2萬5000人，包含志願役士兵和役期1年的徵兵。除了陸軍之外，還有國家警備隊，是個大約2萬人的準軍事組織。

烏茲別克在2005年與俄羅斯締結了協防條約，所以裝備全都採用俄羅斯（前蘇聯）製品，包括T-72戰車70輛、T-62戰車100輛、BMP-1步兵戰鬥車120輛等各式武器。

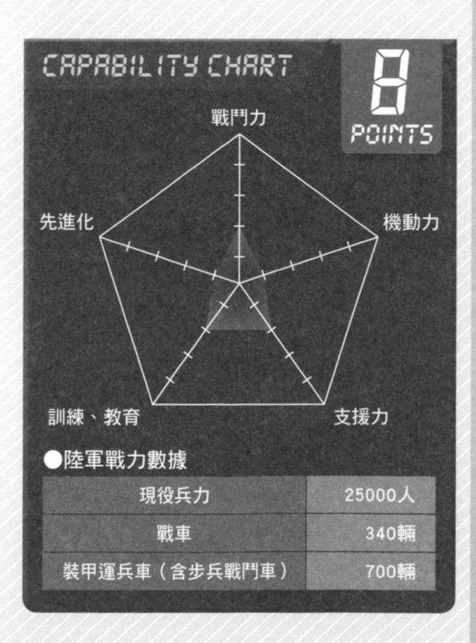

●陸軍戰力數據

現役兵力	25000人
戰車	340輛
裝甲運兵車（含步兵戰鬥車）	700輛

陸軍冷知識

烏茲別克陸軍與俄羅斯保有長久的友好關係，不過在反恐作戰方面，則是接受美國、英國、土耳其等國的訓練。

英美法武器大集合

阿曼陸軍

Royal Oman Army

陸軍冷知識

1970年阿曼發生政變時，出兵穩定阿曼局勢的卡布斯國王，年輕時曾經到英國桑德赫斯特皇家軍事學院留學。

使用路華Land Rover卡車拖曳的牽引式短劍型Rapier防空飛彈。 攝影：Brian Harrington Spier

阿曼陸軍起源於20世紀初，為了保護阿曼的蘇丹，創建了一支60人的部隊。後來，阿曼從英國領地中獨立出來，過了4年到1975年，才建構起真正的陸軍。在此之前的1972年，阿曼陸軍曾經和左派武裝集團阿曼人民陣線對戰，並且贏得勝利。

現在的阿曼陸軍有現役兵力2萬5000人，組成1個裝甲旅、2個步兵旅、2個砲兵團。除了陸軍以外，還有6400人的國王親衛隊，專門負責保護國王安全。

直到今天，阿曼依然和舊宗主國英國保持著緊密關係，陸軍向英國取得了挑戰者Challenger 2型戰車（38輛）、蠍式Scorpion輕戰車（37輛）。之前和阿曼人民陣線交戰時，美國與法國也提供不少援助，美國提供M60戰車，法國提供VBC-90裝甲偵察車、潘哈德Panhard輕裝甲車等武器。

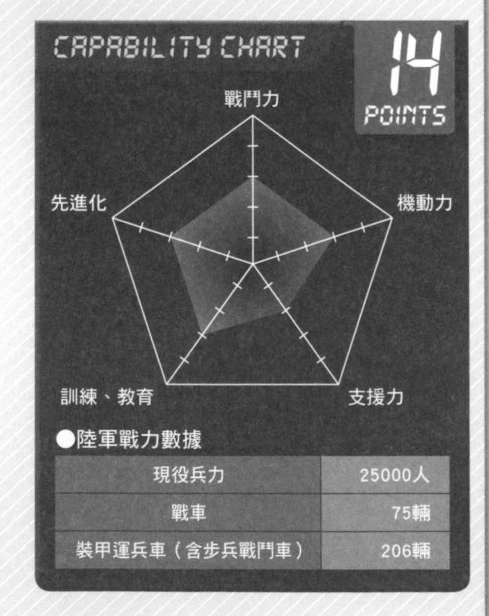

●陸軍戰力數據

現役兵力	25000人
戰車	75輛
裝甲運兵車（含步兵戰鬥車）	206輛

空降部隊的戰力相當充實

哈薩克陸軍

Kazakh Ground Forces

在訓練中跨越反戰車壕的T-72戰車。 攝影：哈薩克陸軍

哈薩克陸軍成立於1992年，當時承接了駐屯哈薩克的前蘇聯土庫曼軍區第32軍團的武裝，建立了陸軍。

哈薩克陸軍的兵力有3萬人，由職業軍人和徵募兵所組成。哈薩克陸軍的空降部隊戰力相當充實，這個名為空中機動軍的空降部隊，轄下有4個空降旅。除了空降旅之外，哈薩克陸軍還有10個機械化步兵旅、7個砲兵旅、3個工兵旅，一同構成陸軍戰力。

在哈薩克，陸軍之外還有總統親衛隊、內政部治安部隊、國境警備隊等準軍事組織，合計兵力達到3萬人以上。

武裝有T-72戰車（300輛）、BMP-2步兵戰鬥車（500輛）等前蘇聯的裝備。空中機動軍則是採購美國製HMMVW四輪傳動車，和土耳其製眼鏡蛇Kobra輕裝甲車。

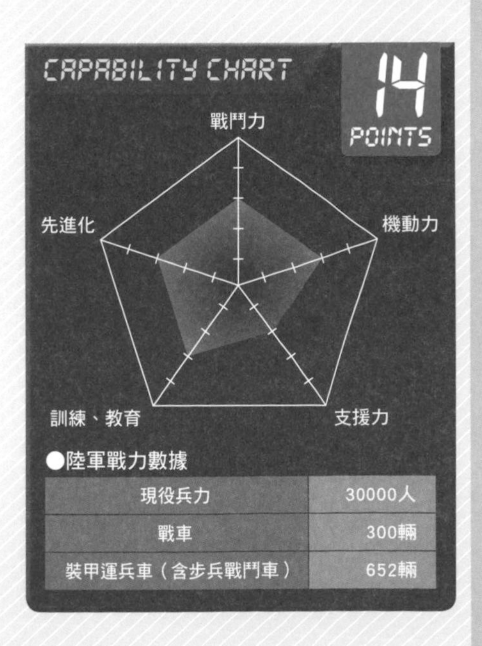

●陸軍戰力數據

現役兵力	30000人
戰車	300輛
裝甲運兵車（含步兵戰鬥車）	652輛

陸軍冷知識

空中機動軍的訓練是接受NATO各國的支援教育，軍官則是派遣到美國與斯洛伐克受訓。

小規模但裝備充實

卡達國防軍

Qatar Armed Forces

陸軍冷知識

卡達國防軍轄下擁有足球隊，曾和內田篤人選手效力的德國沙爾克04舉辦職業足球賽。

英國製FV601薩拉丁Saladin裝甲車。 攝影：Shahin Olakara

卡達國防軍是由陸海空三軍所組成，總兵力僅1萬1800人，是小規模的軍隊。陸軍總兵力8500名，轄下有1個裝甲旅、4個機械化步兵營、1個特戰營，戰力大部分都配置在首都多哈附近。

卡達和巴林、沙烏地阿拉伯組成了海灣國家合作理事會，與美國為首的歐美國家合作，打造安全保障機制。1991年波灣戰爭時也曾派兵支援，2003年伊拉克戰爭時，則是提供國內基地供外國使用。

卡達陸軍規模很小，但是靠著石油出口賺到不少資金，所以武器裝備很充實。現在配備著AMX-30戰車、VAB裝甲車等法國製武器，還有德國製豹2式戰車系列中最新型豹2A7（專門因應非正規戰而設計），以及PzH2000自走砲，瑞士製造食人魚Piranha Mk.II裝甲車等先進裝備，力求武器現代化。

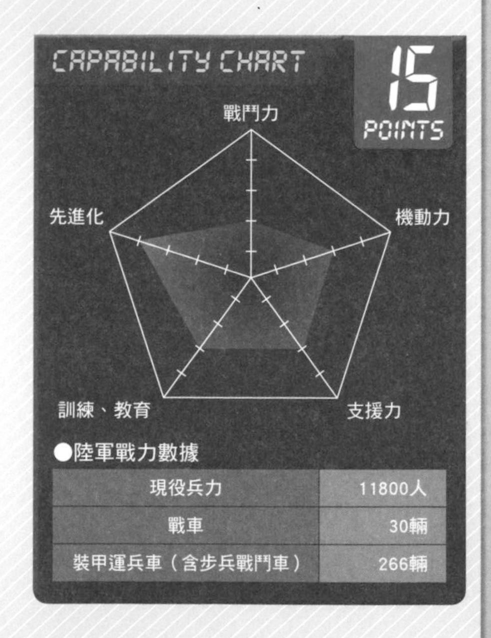

●陸軍戰力數據

現役兵力	11800人
戰車	30輛
裝甲運兵車（含步兵戰鬥車）	266輛

備有運輸陸軍部隊專用的小規模空軍

吉爾吉斯陸軍 Kyrgyztan Army

吉爾吉斯陸軍成立於1992年，武器裝備來自前蘇聯土庫曼軍區的部隊。現在的吉爾吉斯陸軍有現役兵力8500人，是中亞國家之中兵力最少的。

除了陸軍以外，吉爾吉斯還備有內政部國內部隊、總統直轄國家親衛隊等準軍事組織，在緊急時都會納入陸軍指揮之下。

吉爾吉斯最有名的部隊是第25獨立特種任務旅「蠍子旅」，美國舉辦特種部隊競技大賽時，該旅總是名列前茅，取得極佳的成績。

參與閱兵典禮的T-72戰車。　攝影：吉爾吉斯陸軍

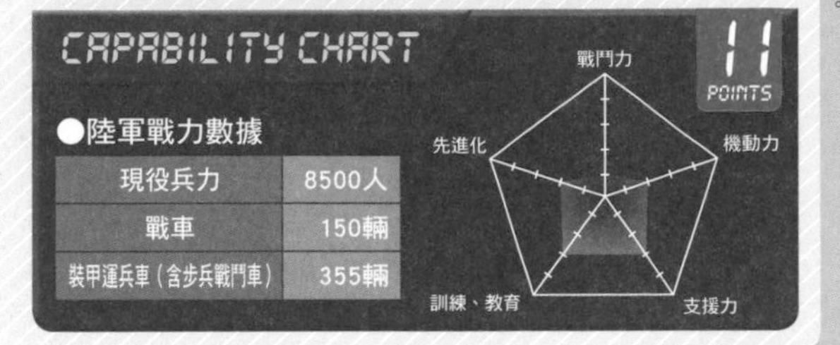

CAPABILITY CHART　11 POINTS

●陸軍戰力數據

現役兵力	8500人
戰車	150輛
裝甲運兵車（含步兵戰鬥車）	355輛

陸軍冷知識

蠍子旅重視山地作戰能力，配備之中包含雪地牽引車和雪橇等特定裝備。

波灣戰爭與許多戰役的舞臺

科威特陸軍 Kuwait Army

科威特陸軍創建於科威特獨立建國的1961年。

現在的科威特陸軍備有現役官兵1萬5500人、預備役3萬1000人，組成特種作戰部隊第25特戰旅、2個裝甲旅、3個機械化步兵旅等單位。

因為親身遭逢1991年波灣戰爭的苦果，重建的科威特陸軍非常注重裝備，向美國購買M1A2艾布蘭Abrams戰車、向英國購買戰士型Warrior步兵戰鬥車，此外還有向俄羅斯購買的BMP-3步兵戰鬥車。

南斯拉夫製的M-84AB戰車。　攝影：Staff Sgt. Dean M. Fox

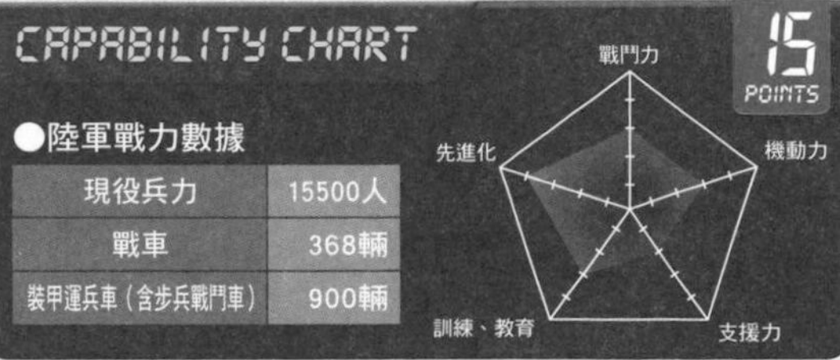

CAPABILITY CHART　15 POINTS

●陸軍戰力數據

現役兵力	15500人
戰車	368輛
裝甲運兵車（含步兵戰鬥車）	900輛

陸軍冷知識

當伊拉克出兵占領科威特時，有部分科威特陸軍逃到沙烏地阿拉伯，隨即成為流亡科威特陸軍，投入波灣戰爭。

在南奧塞提亞戰爭中蒙受重大打擊

喬治亞陸軍

Georgian Ground Forces

陸軍冷知識

雖然喬治亞陸軍在南奧塞提亞戰爭中敗北，但是運用UAV（無人飛行載具）的能力卻勝過俄羅斯軍隊。

喬治亞所開發的Lazika步兵戰鬥車。 攝影：ARMY RECOGNITION

喬治亞陸軍成立於1991年，並且繼承了駐屯喬治亞的前蘇聯第31軍的武器與裝備。

現在的喬治亞陸軍總兵力有1萬7750人，由5個步兵旅、1個砲兵旅、特戰旅、獨立戰車營所構成。自從喬治亞獨立以來，就積極的與美國和歐洲國家拉近關係，曾經派兵前往阿富汗和伊拉克。

喬治亞陸軍配備T-72戰車、BMP-1步兵戰鬥車等前蘇聯遺留下的武裝，但是在2008年南奧塞提亞戰爭中損失慘重。

此後，喬治亞陸軍決定從NATO加盟國取得武器，同時訂定自製武器的計畫，推出拉吉卡Lazika步兵戰鬥車、ZCRS-122多管火箭、迪哥里Didgori輕裝甲車等國產武器，而部隊訓練方面也接受美國的支援。

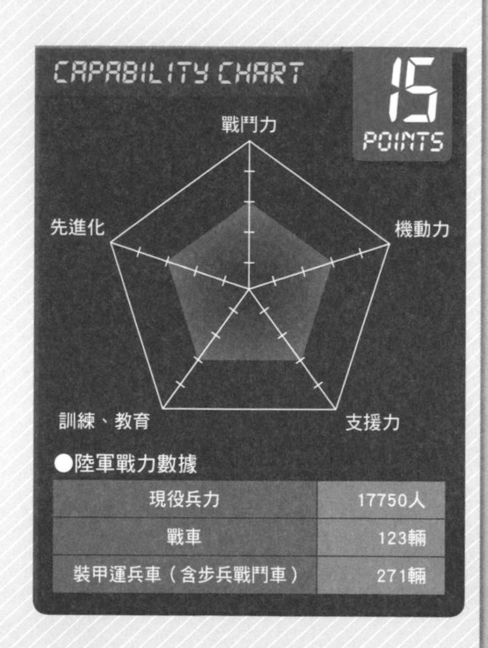

●陸軍戰力數據

現役兵力	17750人
戰車	123輛
裝甲運兵車（含步兵戰鬥車）	271輛

靠著生產原油採購各式強力武器

沙烏地阿拉伯陸軍

Royal Saudi Land Force

在沙漠中受訓的食人魚輪型裝甲車。　攝影：沙烏地阿拉伯陸軍

陸軍冷知識 沙烏地阿拉伯陸軍曾參加1991年的波灣戰爭，與美國陸戰隊一同發起第一波地面戰鬥。

沙烏地阿拉伯陸軍是1929年在英國支援下創建的部隊。

陸軍總兵力有7萬5000人，除了陸軍之外，另有負責皇室警備和維持國內治安、保護清真寺安全的國家警備隊，這個準軍事組織的人數達到12萬5000人。

陸軍架構下區分成3個裝甲旅、5個機械化步兵旅、1個砲兵旅。光從兵力來看，陸軍規模並不是特別大，不過沙烏地阿拉伯是個產油國，資金雄厚，能夠向同盟國美國、俄羅斯、法國、英國採購大量高性能武器。

戰車方面，備有美國製M1A2艾布蘭和M60A1/A3戰車、俄羅斯的T-90、法國的AMX-30。步兵戰鬥車則有美國製M2A2布萊德雷、法製AMX-10P等一流戰鬥車輛。除了向外國引進之外，沙烏地阿拉伯本身也有開發能力，Alphard步兵戰鬥車就是國產的武器。

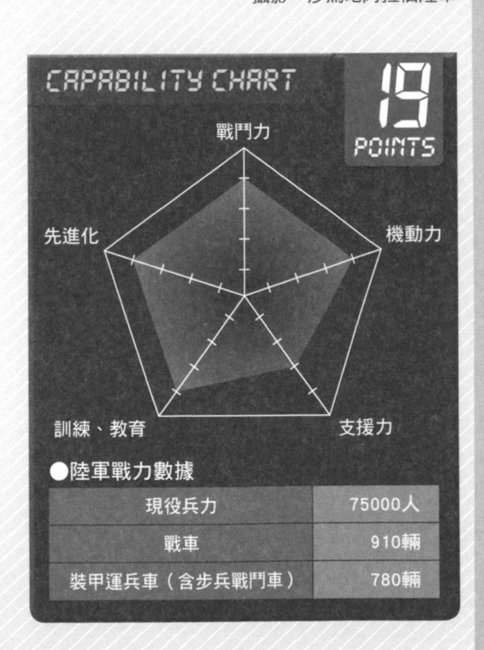

●陸軍戰力數據

現役兵力	75000人
戰車	910輛
裝甲運兵車（含步兵戰鬥車）	780輛

內戰造成兵力大幅衰減

敘利亞陸軍

Syrian Arab Army

裝著許多方盒子狀爆炸反應裝甲的T-72戰車。 攝影：敘利亞陸軍

陸軍冷知識

敘利亞陸軍最大的假想敵是以色列陸軍，在內戰時，他們學習以色列的市區巷戰經驗，將戰車投入城市作戰，贏得可觀戰果。

自從1945年建軍以來，敘利亞陸軍投入數次中東戰爭和波灣戰爭，在中東各國之中，戰力一直是名列前茅。但是，2011年敘利亞內戰（紛爭）爆發後，有不少軍人脫離陸軍指揮。

敘利亞內戰爆發前，陸軍原本有22萬兵力，但現在阿塞德政權掌握的兵力只剩下一半的11萬人，阿塞德為了補足兵員，實施徵兵制，增強陸軍戰力。

現在的敘利亞陸軍有6個裝甲師、3個機械化步兵師、2個特種作戰師。其中還有號稱精銳的共和國衛隊和第4裝甲師等一線部隊。武器大都是前蘇聯（俄羅斯）製造，例如T-72戰車（1500輛左右）、BMP系列步兵戰鬥車（2400輛左右）。此外，還從伊朗引進了UAV（無人飛行載具）等武裝。

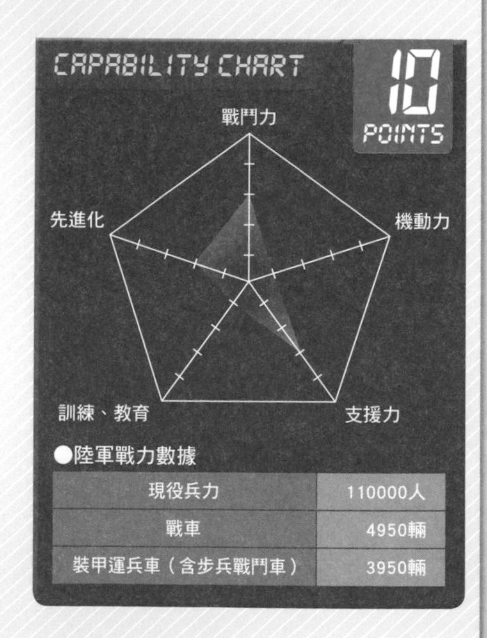

●陸軍戰力數據

現役兵力	110000人
戰車	4950輛
裝甲運兵車（含步兵戰鬥車）	3950輛

內戰後重新增強的陸軍

達吉斯坦陸軍 National Army of Tajikistan

達吉斯坦陸軍創建於1991年，武器裝備來自於前蘇聯駐屯的土耳其斯坦軍區第1軍團。創設當初，陸軍戰力不如現在，直到1993年爆發達吉斯坦內戰才積極增強戰力。

達吉斯坦陸軍備有現役兵力7500人，由2個步兵旅、1個空中突擊旅、1個砲兵旅所構成。

裝備包含T-72戰車、BMP-2步兵戰鬥車、BTR系列裝甲車等，都是前蘇聯遺留下來的武器。

從BMP-2步兵戰鬥車上跳下的士兵們。 攝影：gunman

CAPABILITY CHART

6 POINTS

●陸軍戰力數據

現役兵力	7500人
戰車	37輛
裝甲運兵車（含步兵戰鬥車）	50輛

戰鬥力、機動力、支援力、訓練、教育、先進化

陸軍冷知識

現在達吉斯坦國內仍有1個師的俄羅斯陸軍部隊駐屯，成為達吉斯坦安全保障的一環。

從俄羅斯引進新式武器

土庫曼陸軍 Turkmen Ground Force

土庫曼陸軍的建立方式和達吉斯坦陸軍一樣，都是在1991年接收前蘇聯陸軍土耳其斯坦軍區第1軍團的裝備之後成軍。

現在的土庫曼陸軍擁有官兵1萬8500人，構成3個步兵師、2個步兵旅、1個砲兵旅、1個空中突擊營等單位。除陸軍以外，還有國家警備隊與邊防部隊等準軍事組織存在。

裝備和達吉斯坦相同，都是前蘇聯軍隊遺留下來的武器。此外，還從俄羅斯引進T-90戰車等先進武器。

閱兵中威武前進的T-90戰車。 攝影：Kerri-Jo Stewart

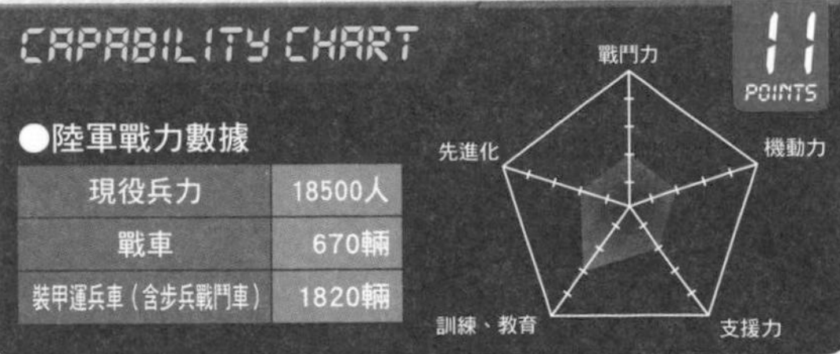

CAPABILITY CHART

11 POINTS

●陸軍戰力數據

現役兵力	18500人
戰車	670輛
裝甲運兵車（含步兵戰鬥車）	1820輛

陸軍冷知識

土庫曼雖然極力排除俄羅斯的影響力，但是陸軍的指揮號令依舊沿用俄語口令。

世俗主義的守護者，擁有極大的政治力

土耳其陸軍

Turkish Land Forces

陸軍冷知識

雖然沒能實現，但是土耳其在研發國產「阿爾泰Altay」戰車時，曾考慮採用日本製引擎。

配備337輛的豹1式戰車。　攝影：土耳其陸軍

土耳其陸軍在凱末爾・阿塔圖克發起革命時，發揮了極重要的作用。直到今天，仍舊是革命達成的世俗主義的守護者，陸軍在國內擁有很強的政治發言權。

現在的土耳其陸軍總兵力有40萬2000人，在NATO加盟國之中，是規模僅次於美國的第二大陸軍。除了陸軍之外，內政部還有專司維護治安的準軍事組織Jandarma（國家憲兵）。

陸軍由8個軍和塞浦路斯派遣軍所組成，轄下各自有步兵旅和裝甲旅等單位。

裝備方面，有德國製豹2式戰車、美國製M110自走砲、俄羅斯製BTR-80裝甲車等戰鬥車輛。在NATO加盟國的協助下，土耳其走上武器國造之路，開發出眼鏡蛇輕裝甲車，和T129攻擊直升機等國產武器。

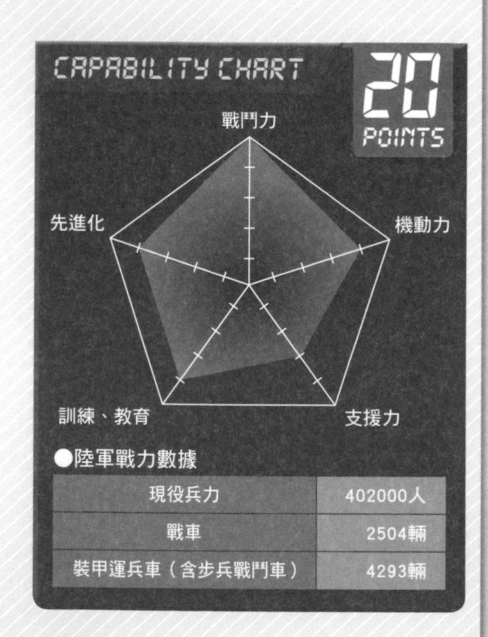

●陸軍戰力數據

現役兵力	402000人
戰車	2504輛
裝甲運兵車（含步兵戰鬥車）	4293輛

周邊國家中規模最小的陸軍

巴林陸軍

Royal Bahraini Army

美國提供的M60A3戰車。　攝影：GrandPrixCenter

陸軍冷知識

巴林在2011年爆發大規模的反政府示威，於是政府投入陸軍加以鎮壓。

巴林在波灣戰爭後，與美國締結了防衛協定。有了美國這個強大後盾，巴林國防軍可以把兵力縮減到最小限度。

陸軍總兵力有6000人，在周邊諸國中是最少的。國防軍中設有準軍事組織的國家警備隊，人數也不滿2000人。

陸軍轄下有1個裝甲旅、1個機械化步兵旅、1個砲兵旅、1個防空營、1個特種作戰營。

裝備大都是1970年代和波灣戰爭結束後的1990年代前期引進的武器，包括M60A3戰車（180輛）、M113裝甲車（110輛），多半是美國製造。此外，還購買了法國製潘哈德Panhard M3輪型裝甲車（110輛）、荷蘭製YPR-765步兵戰鬥車（25輛）、瑞典生產RBS70地對空飛彈（60組）。在此同時，也開始引進Nima輕裝甲車。

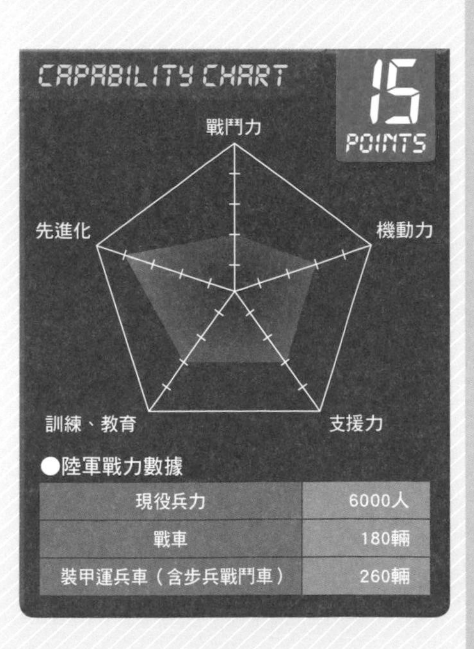

●陸軍戰力數據

現役兵力	6000人
戰車	180輛
裝甲運兵車（含步兵戰鬥車）	260輛

西亞屈指可數的強大陸軍

巴基斯坦陸軍

Pakistan Army

陸軍冷知識

巴基斯坦積極參與聯合國PKO行動，曾派遣陸軍前往索馬利亞、科索沃等地，戰鬥經驗豐富。

雖然已經老舊，但是數量非常多的中國製69II戰車。 攝影：巴基斯坦陸軍

從巴基斯坦的建國歷史就可以看出，巴基斯坦和鄰國印度是站在敵對立場，兩國也確實交戰過好多次。因為戰鬥所需，巴基斯坦陸軍已經增強到堪稱西亞的前幾名了。

巴基斯坦陸軍的現役兵力有55萬人，緊急時可動員50萬名預備役。該國還有邊防防衛用的巴基斯坦遊騎兵Ranger，以及維持治安的國家警備隊等準軍事組織，人數超過30萬。

巴基斯坦陸軍中擔當核心戰力的是戰略軍團，和負責各個管區防衛的9個軍，每個軍則是由2-3個師組成。

巴基斯坦陸軍的裝備有中國製的85式戰車、烏克蘭製T-80UD戰車、美國製M113裝甲車、俄羅斯製Mi-8多用途直升機等，種類繁多。近年來，則和關係發展良好的中國共同開發阿利・哈立德Al-Khalid戰車等準國造武器，並且增加自行生產武器的數量。

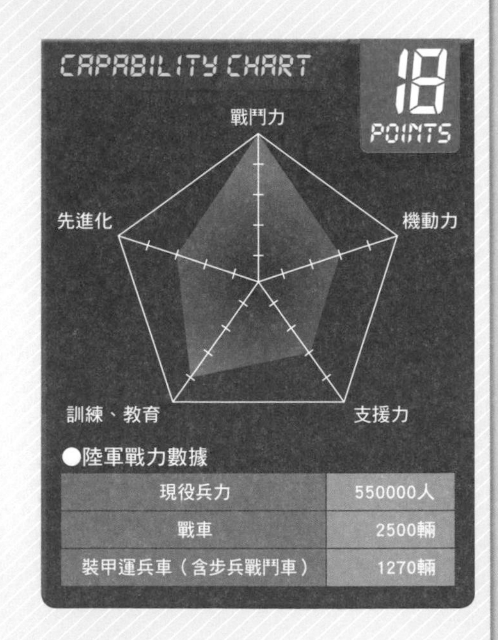

●陸軍戰力數據

現役兵力	550000人
戰車	2500輛
裝甲運兵車（含步兵戰鬥車）	1270輛

內戰後逐步增強的陸軍
約旦陸軍 Royal Jordanian Army

約旦陸軍創建以來，曾和以色列、敘利亞、PLO（巴勒斯坦解放組織）等各種勢力交戰，算是有實戰經驗的陸軍。

現在的約旦陸軍擁有8萬8000名現役軍人，6萬名預備役。陸軍之中，有1個專司反恐作戰的聯合特種作戰部隊，規模大約和旅級相當。

約旦配備有命名為「胡笙國王」的英國製挑戰者1型戰車（390輛）、FV4032裝甲車（274輛），以及美國製並經過自行改良的M60戰車和M113裝甲車等武裝。

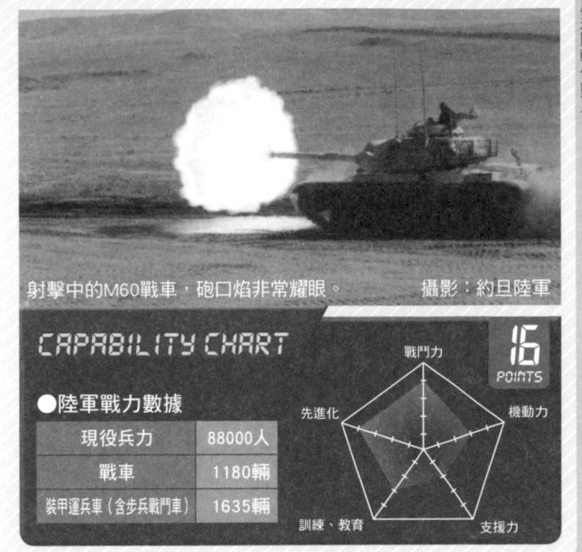

射擊中的M60戰車，砲口焰非常耀眼。 攝影：約旦陸軍

●陸軍戰力數據

現役兵力	88000人
戰車	1180輛
裝甲運兵車（含步兵戰鬥車）	1635輛

陸軍冷知識

約旦也熱衷於開發國產武器，陸軍引進了國產的「Al Tarab」多用途四輪傳動車。

首要任務是從內戰中復興
黎巴嫩陸軍 Lebanese Army

黎巴嫩陸軍最重要的任務是維持國內治安，並且從內戰的廢墟中重新復舊。當然，還得要清除內戰時期埋下的眾多地雷。

現在的黎巴嫩陸軍有現役兵力5萬3900人，緊急時還可動員15萬人。此外，內政部還擁有2萬人左右的治安維持部隊，並不歸入陸軍管轄。

創建當初，黎巴嫩陸軍的裝備大多是法國製。內戰爆發後，伊拉克提供了T-55戰車、美國提供了M60戰車，武器分別來自許多國家。

訓練排放煙幕的T-55戰車。 攝影：黎巴嫩陸軍

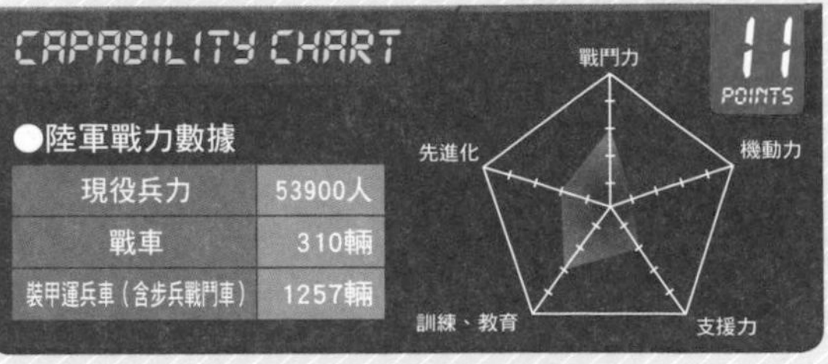

●陸軍戰力數據

現役兵力	53900人
戰車	310輛
裝甲運兵車（含步兵戰鬥車）	1257輛

陸軍冷知識

黎巴嫩是伊斯蘭教與基督教共同生活的國度。對陸軍來說，能否讓不同信仰的人民一同服役是個很大的課題。

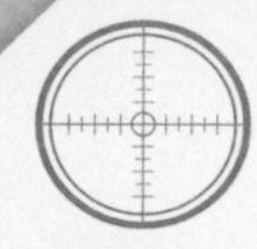

存在感極強的「特種部隊」

即使付出犧牲，也以達成任務為第一優先

近年來，在各國陸軍之中，地位最鮮明的莫過於特種部隊了。特種部隊通常不和一般部隊和裝甲部隊編組在一起，他們是接受特殊訓練、擁有特殊裝備的部隊，因為既有的陸海空軍無法達成一些特別的任務，才需要設立特種部隊來因應。

警察單位中也有特種部隊。以人質救援任務來說，警察特種部隊會將人質的性命視為第一優先，當然還是會以逮捕犯人為目標。至於軍方的特種部隊，則是以達成任務為第一優先，就算犯人與人質有些許傷亡也在所不惜，這就是兩者的區別。

近代的特種部隊是在1940年誕生於英國，當時把特種部隊稱為「突擊兵」Commando。這個名稱源自於南非戰爭（Boer）時，不斷游擊騷擾英軍的義勇騎兵隊，日後成為首相的溫士頓・邱吉爾也曾在南非戰爭時上戰場，他基於自身的體驗，把突擊兵這個組織用Commando來命名。

海豹「SEALs」隊員都擁有游泳和潛水的技能。　攝影：SEALs

遭遇危機時，逃向很多水的地方，就能避開危難。　攝影：SEALs

突擊兵是以奇襲、騷擾敵方後方為主要任務。英國曾派遣突擊兵潛入挪威，摧毀重水製造工廠，因為重水是製造原子彈不可缺少的物質之一。有鑑於成果卓著，許多國家都著手成立類似的特種部隊。

提起特種部隊的任務，除了剛才提的摧毀

挪威重水製造工廠，還有2011年美國海軍特種部隊海豹「SEALs」執行的奧薩瑪・賓拉登暗殺任務，以及1997年日本駐祕魯大使館遭歹徒占領，祕魯海軍和警方的特種部隊於是投入執行拯救人質任務。不過，特種部隊並非我們想像中那樣專精於「敵後突擊」。

能夠達成偵察、監視、不對稱戰爭等多種任務。　攝影：SEALs

為了實行短距離任務，有時會利用小艇走水路。　攝影：SEALs

會與平民維繫友好關係的綠扁帽

舉例來說，美國陸軍特種部隊「綠扁帽」肩負的重大任務，是要為友好國家提供有組織的軍事支援，所以每一位隊員都要精通另一種外國語，和當地人民溝通。比如2001年進攻阿富汗時，綠扁帽前去協助和塔利班敵對的北方聯盟，給予軍事上的支援與建議，教導他們新式武器的使用法，因此美軍沒有投入地面戰力，就達成了顛覆塔利班政權的任務。為了讓軍事行動達到最大的效果，綠扁帽在駐留期間會和當地居民保持友好關係，也就是所謂的民事行動（Civil Affairs Operations），包括提供當地居民醫療援助等。

偵察也是突擊兵時代就很重視的任務之一。波灣戰爭時，伊拉克曾向以色列和沙烏地阿拉伯發射飛毛腿Scud飛彈。為了先一步找到飛彈的發射車，英、美兩國都派出了特種部隊。當時特種部隊並不是要去摧毀飛彈，他們是要找出那些經過偽裝又具有機動能力的飛彈發射器，回報位置，然後交給空軍的戰鬥機和攻擊機去解決。

規模日益擴大的特種部隊

相較於其他部隊，特種部隊的隊員需要接受更嚴苛的訓練，在體力、知識、戰鬥技能方面領先一般部

綠色貝雷帽是接受過各種特種部隊訓練的證明。　攝影：美國陸軍

駕駛全地形越野車的綠扁帽隊員。　攝影：USASOC News Service

在北卡羅萊納州接受Mk19榴彈發射器射擊訓練。　攝影：美國陸軍

隊。也正因為訓練成本高昂，特種部隊通常維持在小規模狀態。

但是，前蘇聯和東歐國家的特種部隊卻是例外。俄國革命時引發了俄羅斯內戰，在內戰時就成立了游擊隊，專門從事非正規作戰。有了這樣的起源，之後特種部隊的組織才會愈來愈大。

現在，俄羅斯和東歐各國的特種部隊，為了要設定成和歐美國家特種部隊同等級，已經開始逐步縮編。

據說，北韓也仿照前蘇聯，建立起官兵多達18萬人的特種部隊。

歐美國家的特種部隊雖小，但也有逐漸膨脹的傾向，比方說美國，已經出現一個整合陸海空軍和陸戰隊轄下特種部隊的組織，稱為特種作戰司令部。

攝影：突尼西亞陸軍

Section 5

全球161國陸軍戰力完整絕密收錄

非洲

正在汰換老舊裝備

阿爾及利亞陸軍

People's National Army (Algeria)

經過升級的T-72戰車。 攝影：The algerian army

陸軍冷知識

2013年伊斯蘭激進派引發人質事件，於是陸軍派出特種部隊成功壓制恐怖分子，但是有37名人質在交火中死亡。

阿爾及利亞陸軍創建於1962年，當時正要脫離法國殖民地、發起獨立運動，於是把國民解放陣線的軍事部門和國民解放軍重新整編為陸軍。

陸軍的現役兵力有12萬7000人，緊急時還能動員15萬預備役。另外，國家憲兵隊、治安維持部隊、共和國防衛隊等準軍事組織也都齊備，共有18萬人。

陸軍主要戰力是由2個裝甲師、3個機械化步兵師、1個防空師組成。由於阿爾及利亞在獨立後奉行社會主義，因此獲得前蘇聯的武器援助，包括T-72戰車和BMP系列步兵戰鬥車等前蘇聯製武裝。這些配備都是冷戰時期提供的，早已經老舊過時，所以陸軍再度從俄羅斯引進T-90戰車、向德國採購狐式Fuchs輪型裝甲車、向UAE購買Nima輕裝甲車來汰換舊裝備。

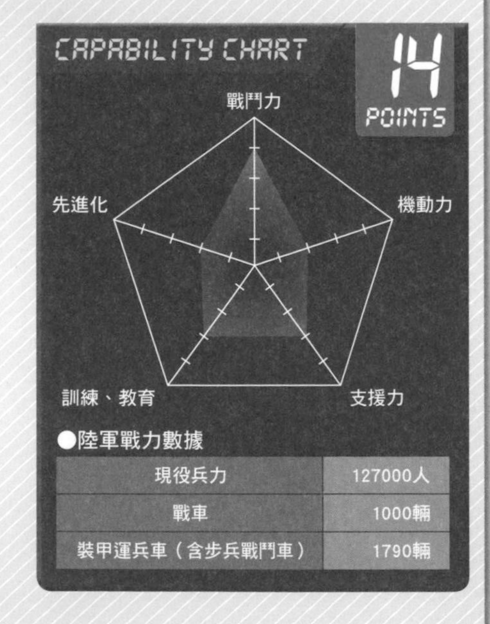

●陸軍戰力數據

現役兵力	127000人
戰車	1000輛
裝甲運兵車（含步兵戰鬥車）	1790輛

在蘇聯與古巴的支援下持續內戰

安哥拉陸軍 Angolan Army

安哥拉陸軍創建於1975年，前身是安哥拉人民運動的軍事部門，這是為了脫離葡萄牙獨立而成立的軍隊。

現在的安哥拉陸軍有現役兵力10萬人，陸軍之外還有名為快速反應警察的準軍事組織1萬人。

安哥拉陸軍在蘇聯與古巴的支援下持續進行內戰，T-72戰車和BTR-80裝甲運兵車等裝備，大都是前蘇聯製的武器。

近年來，則是向南非採購了Casspir防地雷裝甲車、從德國引進G3步槍等裝備。

整齊列隊的T-90戰車。 攝影：thaichitsiga

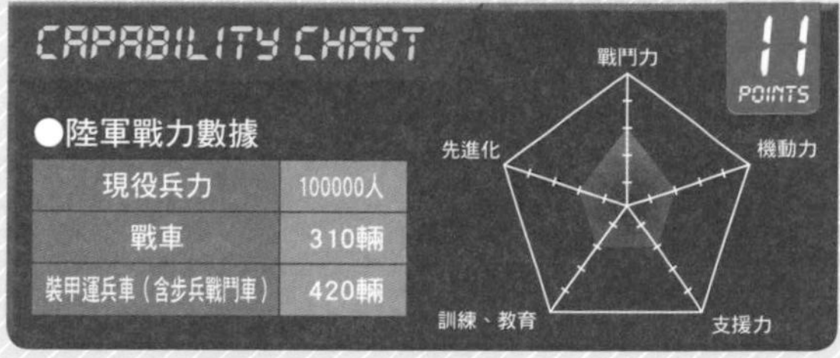

●陸軍戰力數據

現役兵力	100000人
戰車	310輛
裝甲運兵車（含步兵戰鬥車）	420輛

陸軍冷知識

安哥拉陸軍為了鎮壓境外領土卡賓達的獨立運動，派遣少數部隊駐守在剛果民主共和國與剛果共和國領土內。

由反政府組織改編而成

烏干達國防軍地面部隊 Uganda People's Defence Force Land Force

烏干達國防軍地面部隊，是由推行反政府運動的人民反抗組織轄下的人民反抗軍改組而成。

現役兵力有4萬5000人，緊急時可動員1萬名預備役。還有1800名邊防部隊和1萬人的民兵組織。

軍隊架構下分為5個步兵師、1個裝甲旅、總統護衛隊等單位。從前蘇聯取得的T-72戰車已經老舊，所以又引進俄羅斯製T-90S戰車，和南非製水牛Buffel防地雷裝甲車，持續更新軍備。

正在檢查、整備戰車的戰車兵與守衛的步兵。 攝影：World Armies

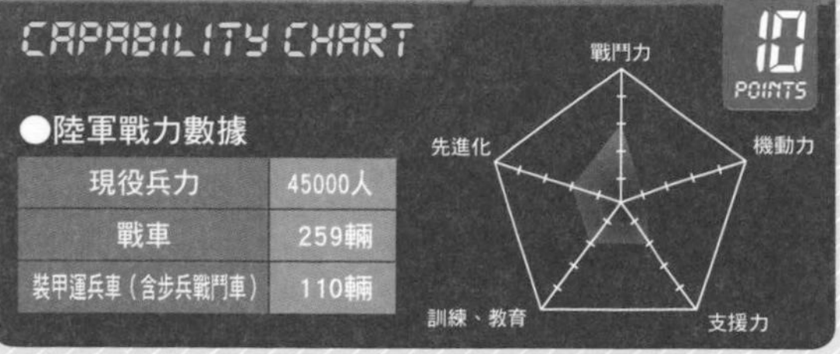

●陸軍戰力數據

現役兵力	45000人
戰車	259輛
裝甲運兵車（含步兵戰鬥車）	110輛

陸軍冷知識

1986年起，總統由約韋里．穆塞維尼擔任，他曾是陸軍中將。後來他的兩個兒子都在烏干達國防軍中擔任要職。

東西兩陣營與國產武器共存的陸軍

埃及陸軍

Egyptian Army

陸軍冷知識

埃及陸軍擁有國內最大的政治影響力，軍方曾經主導多次革命與叛變，造成政權更替。

參加閱兵的OT-62裝甲運兵車。 攝影：Kora3

埃及陸軍堪稱是中東最強大的戰力，參加過中東戰爭與波灣戰爭，經驗豐富。

現在的埃及陸軍有現役兵力34萬人，緊急時還能動員37萬5000人的預備役。

實戰部隊分為3個軍團，每個軍團轄下有3個軍。

埃及陸軍自1952年創建以來，一直採用宗主國英國的武裝，直到納瑟發起革命，向蘇聯靠攏，才改以蘇聯武裝為主力。但是，納瑟政權並不穩定，納瑟被暗殺後，埃及又往美國靠攏。

現在埃及陸軍配備有著美國製M1艾布蘭戰車、M113裝甲車、HMMVW多用途四輪傳動車等配備。同時，也保有納瑟政權時代引進的T-55戰車、BMP-1步兵戰鬥車等配備。此外，還有以拉姆西斯II世Ramesses II戰車為代表的美蘇武器自主改進版。

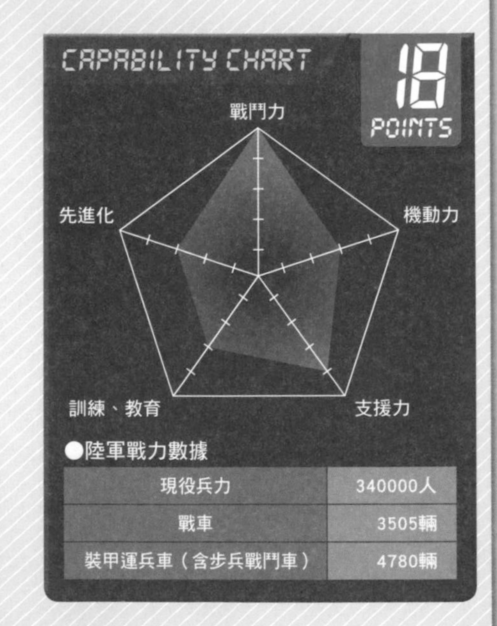

●陸軍戰力數據

現役兵力	340000人
戰車	3505輛
裝甲運兵車（含步兵戰鬥車）	4780輛

財政困窘和現代化導致陸軍戰力減半

衣索比亞陸軍

Ethiopian Army

扛著AK-47突擊步槍的衣索比亞士兵。　攝影：ARMY RECOGNITION

陸軍冷知識

衣索比亞陸軍在19世紀末和20世紀，曾經二度遭到義大利攻擊，兩次都被義大利軍隊擊敗。

衣索比亞陸軍長期處於區域紛爭當中，包括和鄰國（過去的聯邦國）厄利垂亞有邊界糾紛，還有和鄰國索馬利亞交戰，爭奪索馬利亞人居住地歐加登。自從1990年以來，兵力就一直維持在25萬人以上。

不過，近年來衣索比亞財政困窘，必須削減軍費。軍方為了持續現代化，只好將兵力裁減到大約一半的13萬5000人。實戰部隊有4個軍，每個軍轄下都有1個機械化步兵師和3-5個步兵師。

第二次世界大戰剛結束時，衣索比亞陸軍曾經沿用前宗主國英國和美國提供的武器，直到1974年爆發革命，轉變為社會主義國家，武器也隨之替換為T-72戰車、BMP系列步兵戰鬥車等蘇聯製武器。近年來，則是從中國引進05式步兵戰鬥車和89式裝甲運兵車，持續推動裝備現代化。

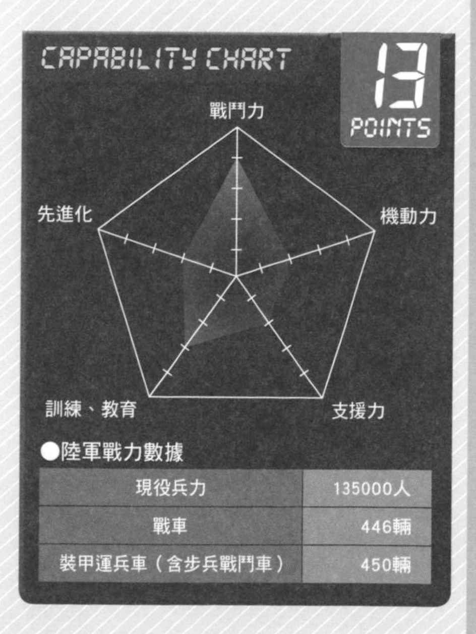

●陸軍戰力數據

現役兵力	135000人
戰車	446輛
裝甲運兵車（含步兵戰鬥車）	450輛

陸軍冷知識

厄利垂亞陸軍在2008年入侵鄰國吉布地，引發國際關注。目前兩軍還是沿著國界布陣，保持警戒。

由保加利亞提供重裝備，強化戰力

厄利垂亞陸軍 Eritrean Army

厄利垂亞陸軍保有現役兵力20萬人，緊急時還能夠動員12萬預備役。

厄利垂亞陸軍的實戰部隊是由1個機械化步兵旅、19個輕步兵師所組成，這些部隊組成了4個軍。

過去厄利垂亞民族解放陣線的軍事部門並沒有戰車等重武器，現在擁有的T-55A戰車（300輛）、BTR-60裝甲運兵車（100輛）、M-46 130mm榴砲（30門）等重武器，都是保加利亞提供的舊式裝備。

參加閱兵儀式的厄利垂亞陸軍女兵。
攝影：Eritrean Defence Forces

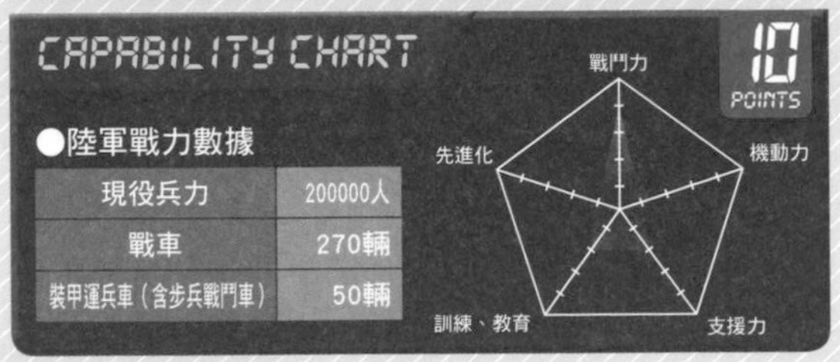

●陸軍戰力數據

現役兵力	200000人
戰車	270輛
裝甲運兵車（含步兵戰鬥車）	50輛

陸軍冷知識

迦納積極參與聯合國PKO行動，曾派遣陸軍前往科索沃、阿富汗、黎巴嫩等地。

小規模但後勤支援確實

迦納陸軍 Ghana Army

迦納陸軍創設於1959年，當時承接了殖民地時代英國占領軍留下的陸軍裝備。迦納獨立後，陸軍得到加拿大軍方的支援，雖然兵力不多，只有1萬1500人，但是後勤、教育訓練、醫療體制都很完備，在非洲陸軍之中算是水準比較高的部隊。

現在的迦納陸軍實戰部隊擁有1個裝甲偵搜連、6個步兵營、1個砲兵營等單位，在領土北方和南方都設有司令部。

迦納陸軍沒有戰車，主力是輪型裝甲車。

沒有戰車，以裝甲車做為主力的迦納陸軍。 攝影：迦納陸軍

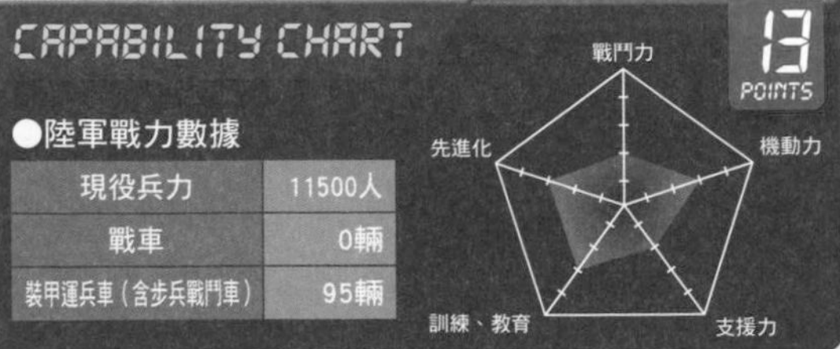

●陸軍戰力數據

現役兵力	11500人
戰車	0輛
裝甲運兵車（含步兵戰鬥車）	95輛

負責國內治安的迷你陸軍

維德角人民革命軍 People's Revolutionary Armed Forces (FARP) of Cape Verde

由10個小島組成的小國，維德角的人民革命軍，是陸軍和沿岸警備隊組合而成的小規模軍隊，人數只有1200人。

其中擔任主力的陸軍，擁有兵力1000人，任務是維持國內治安、取締毒品，並且保護水源地。

實戰部隊只有2個步兵營和1個工兵營，配備著俄羅斯製BRDM-2輪型裝甲車（10輛）、ZSU-23防砲車（12輛）。除此之外，都是步槍、機槍、迫擊砲等輕武器。

為了執行任務，經常需要和他國舉行聯合訓練。攝影：美國陸軍

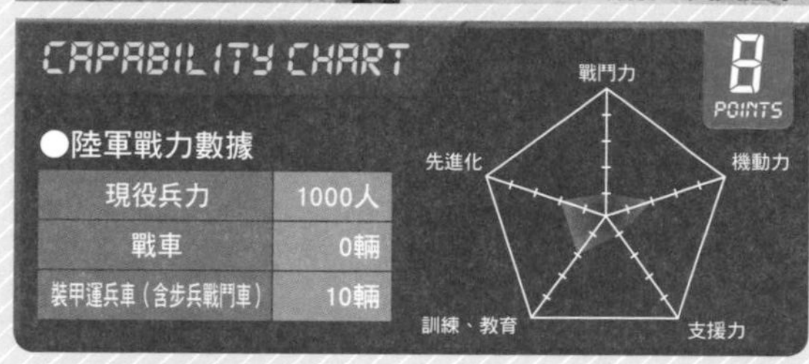

●陸軍戰力數據

現役兵力	1000人
戰車	0輛
裝甲運兵車（含步兵戰鬥車）	10輛

陸軍冷知識

人民革命軍現在已經分割為陸軍、陸戰隊、總統護衛隊、憲兵隊等單位，新的重建計畫預定要把兵力減少到1000人以下。

總統護衛隊的訓練精良

加彭陸軍 Gabonese Army

加彭陸軍總兵力有3200人，規模很小，而且平均訓練水準不高，只有1個營的總統護衛隊在訓練與裝備方面都達到標準。實戰部隊，是由總統護衛隊、1個輕裝偵搜營、1個空中機動連、1個支援連所構成。

主要裝備是前宗主國法國製造的AML-90/60裝甲偵察車、SA342L武裝直升機、巴西製EE-11步兵戰鬥車、美國製LAV-150突擊兵Commando裝甲車等，都是外國引進的武裝。

搭載2門20mm機砲的ERC20裝甲車。攝影：ARMY RECOGNITION

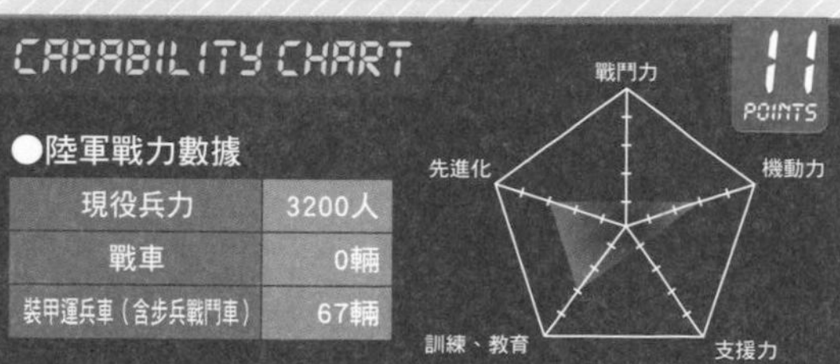

●陸軍戰力數據

現役兵力	3200人
戰車	0輛
裝甲運兵車（含步兵戰鬥車）	67輛

陸軍冷知識

加彭與法國訂有協定，法國必須派遣陸軍第6陸戰步兵營前往駐防，成為加彭、法國聯軍。

陸軍冷知識

喀麥隆一直有盜獵野生動物的問題，陸軍會派遣特種部隊對抗盜獵集團。

兵力雖少但戰鬥車輛不少

喀麥隆陸軍 Cameroon Army

喀麥隆在1960年從法國領地中獨立建國，同年創建了喀麥隆陸軍。

陸軍現役兵力有1萬2500人，屬於小規模，即使加上準軍事組織國家憲兵隊（9000人），總兵力也只有2萬1500人而已。

喀麥隆陸軍配備了AMX-10RC裝甲偵察車（搭載105mm線膛砲），以及AML-90裝甲偵察車（搭載90mm線膛砲），這些都是前宗主國法國製造。另外，還有美國製LAV-150突擊兵Commando裝甲車、英國製貂式ferret裝甲車等武裝。

對美國海軍長官致上榮譽禮的喀麥隆部隊。
攝影：Official U.S. Navy Page

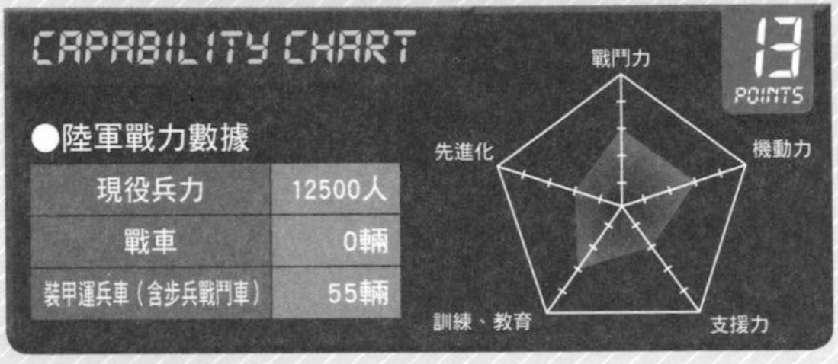

CAPABILITY CHART

13 POINTS

●陸軍戰力數據

現役兵力	12500人
戰車	0輛
裝甲運兵車（含步兵戰鬥車）	55輛

陸軍冷知識

前任總統葉海亞·賈梅出身於陸軍（中尉），在29歲時發動政變掌握大權。

沒有重裝備的迷你陸軍

甘比亞陸軍 Gambian National Army

甘比亞在1960年獨立以後，就和鄰國塞內加爾組成邦聯，之後又取消協定，過程相當曲折。陸軍的狀態也因為時代而有所變化。

現在的甘比亞陸軍總兵力有800人，都是志願役官兵所組成。

陸軍實戰部隊有2個步兵營、1個總統護衛隊、1個工兵連等單位。裝備方面有太多不詳之處，只知道主要武器是步槍和機槍等輕武器，裝甲車也只有幾輛而已。

使用AKS-74進行射擊訓練的甘比亞士兵。
攝影：United States Marine Corps

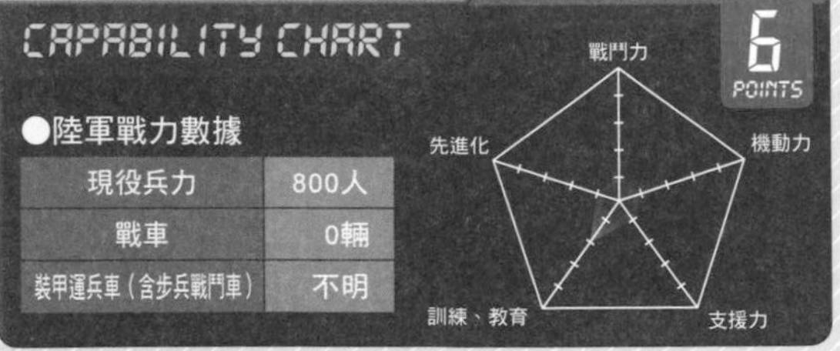

CAPABILITY CHART

6 POINTS

●陸軍戰力數據

現役兵力	800人
戰車	0輛
裝甲運兵車（含步兵戰鬥車）	不明

第二次世界大戰的老戰車依舊在服役

幾內亞陸軍 Guinea Army

幾內亞陸軍創設於1958年，當時幾內亞剛脫離法國獨立，建立幾內亞共和國。

幾內亞陸軍的現役兵力有8500人，實戰部隊包含1個戰車營、5個步兵營、1個特種作戰營、1個空中機動營、1個砲兵營。

裝備幾乎都是蘇聯所提供的，擁有戰車38輛，但其中30輛是第二次世界大戰中非常活躍的T-34戰車。

此外，還有BRDM-1/2裝甲偵察車等蘇聯製車輛。不過，還有2輛法國製的AML-90裝甲車。

幾內亞陸軍的王牌T-54/55戰車。 攝影：法新社

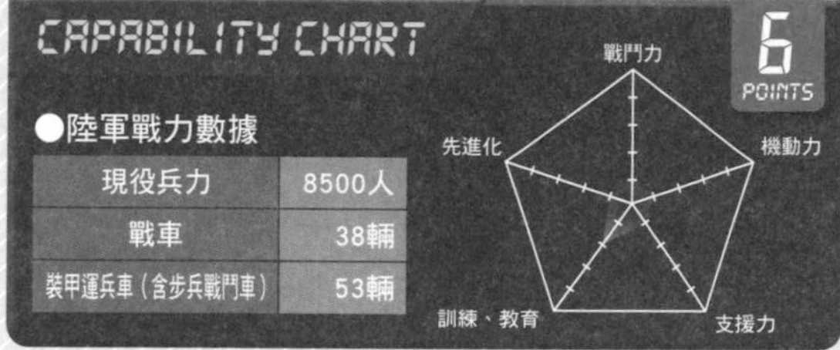

●陸軍戰力數據

現役兵力	8500人
戰車	38輛
裝甲運兵車（含步兵戰鬥車）	53輛

陸軍冷知識

有1位幾內亞總統、2位臨時總統是出身於幾內亞陸軍，因此陸軍直到今日仍舊在政治上具有影響力。

發起過數次叛變與奪權的陸軍

幾內亞比索陸軍 Guinea-Bissau Army

幾內亞比索陸軍成立於1973年，也就是脫離葡萄牙獨立的那一年。

現在的幾內亞比索陸軍總兵力有4000人，陸軍之外還有負責治安的國家憲兵隊2000人。

實戰部隊包括1個戰車營、5個輕步兵營、1個砲兵營等單位。脫離葡萄牙獨立時，蘇聯在幕後提供不少支援，所以裝備中有T-34戰車、PT-76輕戰車、BTR-40裝甲車等蘇聯製車輛，不過現在還能夠運作的已經很少了。

又名YW531的中國製63式裝甲運兵車。 攝影：法新社

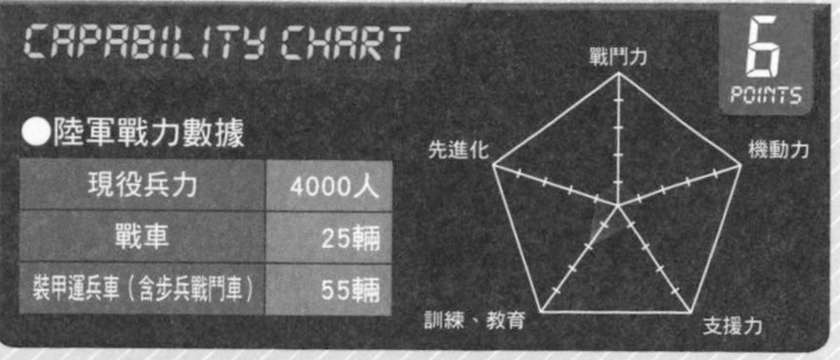

●陸軍戰力數據

現役兵力	4000人
戰車	25輛
裝甲運兵車（含步兵戰鬥車）	55輛

陸軍冷知識

幾內亞比索陸軍發起過數次政變，屢屢引發內戰，甚至導致總統遭到暗殺。

在索馬利亞驅逐伊斯蘭武裝勢力

肯亞陸軍

Kenya Army

陸軍冷知識

肯亞陸軍積極參與非洲聯盟和聯合國PKO維和行動，曾經派兵前往黎巴嫩和南蘇丹等地。

Casspir防地雷裝甲車（車隊前2輛）。　攝影：World Armies

肯亞陸軍創建於1964年，前身是英國殖民地時代的皇家非洲步槍團，裝備也是由此繼承。

和周邊國家相比，肯亞算是政治與經濟都比較穩定的國家。陸軍自創建以來，從來沒有對外發動過戰爭。不過，為了掃蕩在鄰國索馬利亞活動的伊斯蘭基本教義派武裝集團青年黨Al-Shabaab，曾在2011年入侵索馬利亞，成功奪回了港灣都市奇斯馬約。

現在的肯亞陸軍擁有兵力約2萬人，除陸軍之外，還有準軍事組織的警察部隊5000人。

配備包括前宗主國英國留下的維克斯Mk.3戰車、從美國引進的HMMVW悍馬多用途四輪傳動車與MD-500直升機、法國提供的AML-90/60裝甲偵察車、俄羅斯的BRDM-3裝甲車和Mi-28攻擊直升機、中國的WZ551裝甲車和Z-9輕型武裝直升機等。幾乎主要武器開發國的裝備都無一遺漏。

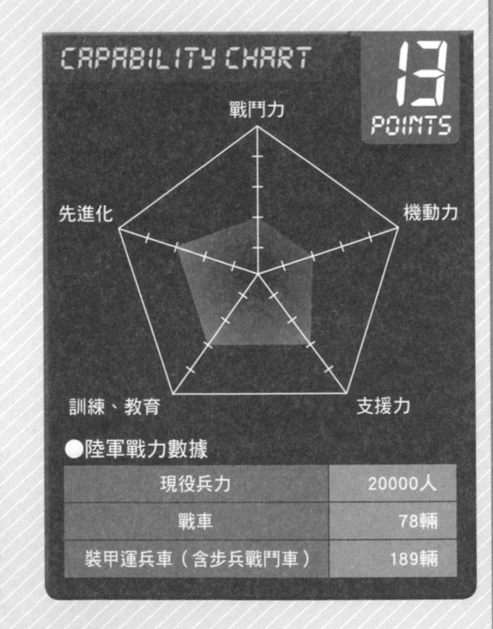

●陸軍戰力數據

現役兵力	20000人
戰車	78輛
裝甲運兵車（含步兵戰鬥車）	189輛

內戰終結後展開重新整建

象牙海岸陸軍 Army of Ivory Coast

象牙海岸在進入21世紀後，因為對總統選舉結果不滿，兩度發生激烈的內戰，陸軍也分裂成兩個陣營彼此對戰，所以現實上，國家軍隊的概念已經不存在了。現在，該國正在重新整建陸軍，預定要成立4萬兵力的軍隊。

目前預估，重建後的陸軍實戰部隊應該會備有4個輕步兵營、1個戰車營、1個砲兵營、1個工兵營等單位。

內戰時喪失了許多武裝，現在僅剩下法國製AMX-13輕戰車等武器。

配備90mm砲的ERC90輪型裝甲車。　攝影：法新社

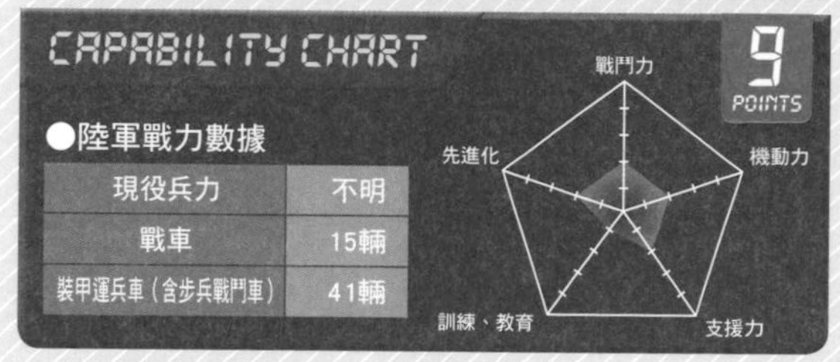

●陸軍戰力數據

現役兵力	不明
戰車	15輛
裝甲運兵車（含步兵戰鬥車）	41輛

陸軍冷知識

在2014年的現在，仍有孟加拉陸軍、約旦陸軍等聯合國維和部隊駐留在象牙海岸。

以維持治安為目標的迷你陸軍

葛摩保安部隊 Comorian Security Force

擁有3座島嶼、人口65萬人的小國葛摩，擁有一支500人規模的保安部隊和警察。而葛摩也和法國簽訂有安全保障協定，因此有小規模的法軍部隊駐屯在國內。

葛摩保安部隊沒有裝甲車和大口徑火砲，只有比利時製FN FAL、蘇聯製AK-47自動步槍、NSV 12.7mm機槍、RPG-7反戰車火箭彈等輕武器。至於配備的車輛方面，有消息指出配備了三菱的L200小貨卡。

攜帶FN FAL步槍行進中的士兵們。　攝影：Kenneth Fidler

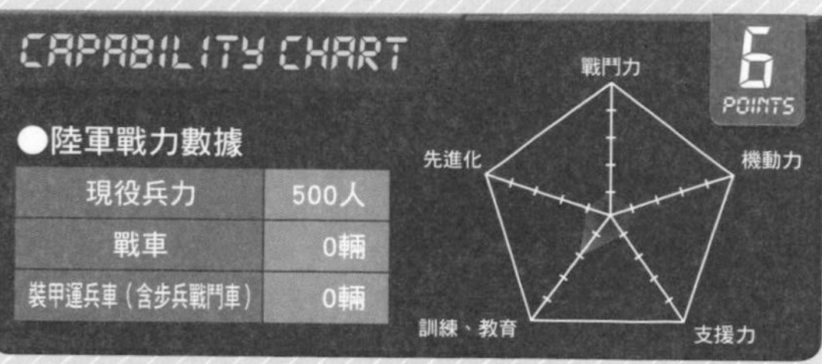

●陸軍戰力數據

現役兵力	500人
戰車	0輛
裝甲運兵車（含步兵戰鬥車）	0輛

陸軍冷知識

葛摩領土內的昂儒昂島、莫埃利島曾在2008年自行宣布獨立，但是被保安部隊和非洲聯軍鎮壓消滅。

陸軍冷知識

剛果共和國陸軍身為非洲聯軍的一員，派遣了500名官兵前往中非。

從社會主義國家引進武器裝備

剛果共和國陸軍 Armed Forces of the Republic of the Congo

剛果共和國陸軍創建於1960年，剛果從法國屬地獨立建國時。

剛果共和國陸軍擁有兵力8000人，另有2000人的國家憲兵隊與總統護衛隊。

陸軍實戰部隊由2個戰車營、3個步兵營、1個突擊兵／空中機動營、1個工兵營、1個砲兵群構成。剛果共和國獨立後轉變為社會主義國家，所以取得了蘇聯製的武裝如T-54/55戰車和BRDM-1/2步兵戰鬥車，現在則是配備大量的中國製59式戰車和62式輕戰車等武器。

中國製05式輪型裝甲車「新星」的車隊。 攝影：World Armies

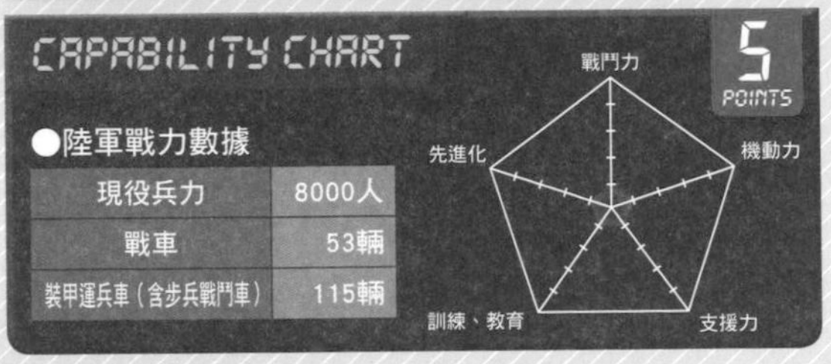

CAPABILITY CHART 5 POINTS

●陸軍戰力數據

現役兵力	8000人
戰車	53輛
裝甲運兵車（含步兵戰鬥車）	115輛

陸軍冷知識

剛果戰爭結束之後，剛果民主共和國陸軍仍舊持續和伊斯蘭基本教義派武裝集團「神之反抗軍」以及盧安達交戰。

中非最大規模的陸軍

剛果民主共和國陸軍 Land Forces of the Democratic Republic of Congo

1990年代發生過2次的「剛果戰爭」，連周邊鄰國都被捲入。戰後，剛果民主共和國陸軍持續加強戰力，現在已經成為中非兵力最多的陸軍了。

現在的剛果民主共和國陸軍兵力多達10萬3000人，實戰部隊是由6個混成旅、3個步兵旅、27個步兵團、1個砲兵團、1個憲兵營所構成。

武裝有蘇聯製T-55戰車與PT-76輕戰車、中國製59式戰車等，還有法國製AML-90/60裝甲偵察車，以及巴西製EE-9裝甲偵察車。

2S3 Akatsiya 152mm自走榴砲。 攝影：剛果民主共和國陸軍

CAPABILITY CHART 13 POINTS

●陸軍戰力數據

現役兵力	103000人
戰車	189輛
裝甲運兵車（含步兵戰鬥車）	164輛

戰鬥力　機動力　支援力　訓練、教育　先進化

使用前蘇聯製武器為主力

尚比亞陸軍 Zambia Army

尚比亞陸軍創建於1964年獨立建國時，前身是英國屬地時代的北羅德西亞維安部隊。

現在擁有兵力1萬3500人，緊急時可動員3000人（3個步兵營）的預備役官兵。

陸軍的實戰部隊包括1個突擊營、1個戰車團、6個步兵營、1個砲兵團、1個工兵團等單位。武裝的主力是T-55戰車和BRDM-1/2步兵戰鬥車等蘇聯提供的武器，現在則是追加了南非製蜜獾式Ratel裝甲車。

在車頭上架好PK機槍的士兵。 攝影：Ruud van Ruitenbeek

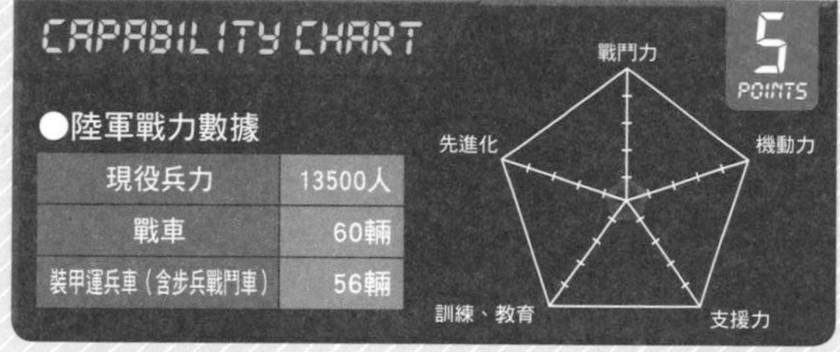

●陸軍戰力數據

現役兵力	13500人
戰車	60輛
裝甲運兵車（含步兵戰鬥車）	56輛

陸軍冷知識

尚比亞足球隊的選手卡頓哥在和南非隊競技時，完成了帽子戲法，因此從陸軍下士晉升為中士。

政治影響力強但戰力貧瘠

獅子山共和國陸軍 Sierra Leone Army

獅子山共和國陸軍是以英國殖民時代的皇家西非邊境軍獅子山團為母體，在1961年獅子山獨立建國時一併創建的。

獅子山共和國陸軍曾挑起多次政變，許多位總統是陸軍出身，但是軍隊戰力則是非常貧弱，無法和其他非洲國家相提並論。

現在的獅子山共和國陸軍有兵力1萬500人，實戰部隊只有3個輕步兵旅，武裝配備也只有步槍、卡爾・古斯塔夫84mm無後座力砲、迫擊砲等輕武器。

被派遣到達佛的獅子山共和國陸軍部隊。
攝影：Support the Armed Forces of Sierra Leone In Darfur and Somalia

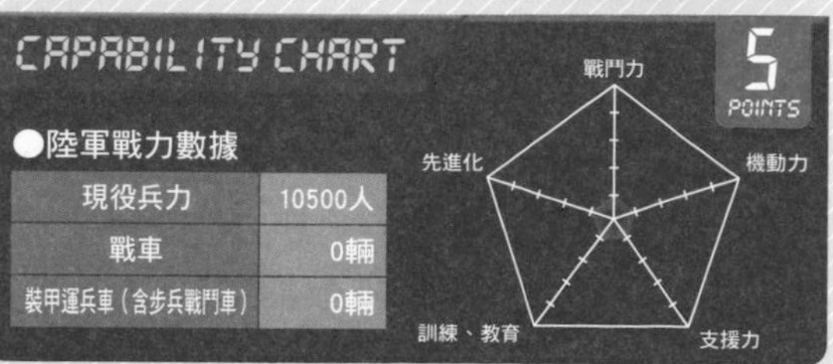

●陸軍戰力數據

現役兵力	10500人
戰車	0輛
裝甲運兵車（含步兵戰鬥車）	0輛

陸軍冷知識

獅子山共和國陸軍在2014年7月和賴比瑞亞陸軍合作，封鎖伊波拉病毒感染地區。

陸軍冷知識

吉布地國內設有法軍用的戰鬥訓練營區，吉布地陸軍也能使用這些設備來訓練。

邀請法國陸戰隊進駐

吉布地陸軍 Djiboutian Army

吉布地陸軍創建於1977年吉布地從法國領地獨立建國時。

現在的吉布地陸軍保有兵力8000人，除陸軍之外，另有2000人的國家憲兵隊，以及內政部管轄的2500名保安部隊，法國陸軍也派遣了1個陸戰隊混成團駐屯在吉布地。

陸軍實戰部隊含1個戰車團、5個輕步兵團、1個共和國警備團、1個砲兵團。裝備有法國製的AML-90/60裝甲偵察車、南非製蜜獾式Ratel裝甲車等武器。

前蘇聯製BTR-60裝甲運兵車。 攝影：吉布地陸軍

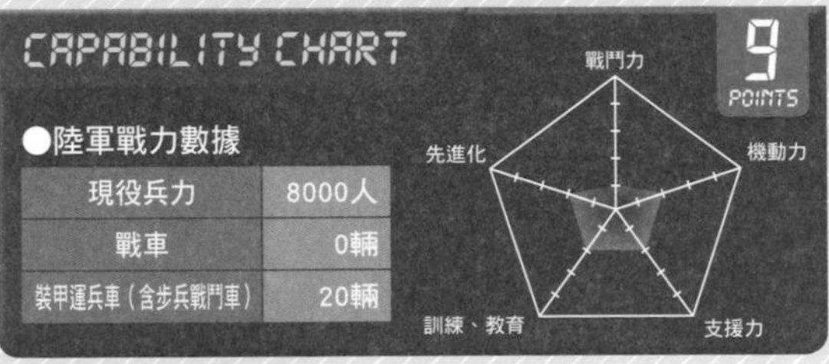

●陸軍戰力數據

現役兵力	8000人
戰車	0輛
裝甲運兵車（含步兵戰鬥車）	20輛

Army Column 海上自衛隊的索馬利亞派遣任務

在索馬利亞近海和亞丁灣一帶航行的商船常常遭到海盜襲擊，演變成國際性的大問題，因此2009年日本政府派遣海上自衛隊的護衛艦和P-3C前往，護衛那些航行通過的船隻。

當時派往該處海域的護衛艦上，搭載著海上保安廳的保安官，以及海上自衛隊的特種部隊特別警備隊。保安官負責逮捕海盜，特別警備隊隊員則是負責警告射擊。

P-3C當初預定要以吉布地機場旁的美軍萊蒙尼爾軍營為據點，後來決定出資向吉布地政府租借機場內的12公頃土地，建造保修機庫、人員宿舍和停機坪，現在該地仍舊維持功能，有陸上自衛隊員常駐，負責機場警戒。

為了防範海盜而派遣到海外的P-3C巡邏機。
攝影：統合幕僚監部網站

南羅德西亞時代的武器現在依舊在使用中

辛巴威陸軍

Zimbabwe National Army

中國提供的63式裝甲運兵車。　攝影：辛巴威陸軍

陸軍冷知識

辛巴威陸軍在2010年創建國立陸軍大學，但資金其實是中國提供的。

辛巴威陸軍創建於1980年，當時辛巴威剛從白人至上主義國家羅德西亞獨立出來，在英國屬地建立辛巴威共和國。

現在辛巴威陸軍擁有兵力2萬5000人，陸軍之外還有準軍事組織共和國警察（1萬9500人）與警察支援隊（2300人）。

陸軍實戰部隊包括1個特種作戰營、1個戰車連、1個機械化步兵營、15個步兵營、1個混成營、1個傘兵團、1個砲兵旅、1個野戰砲兵營等單位。

辛巴威的經濟長期處於低迷狀態，難以向主要的武器生產國採購武器，因此陸軍採用了中國製的69/79式戰車。除此之外，還透過北韓向利比亞取得T-55戰車，加上南羅德西亞時代引進的鱷魚式Crocodile裝甲車等，幾乎都是老舊武器。

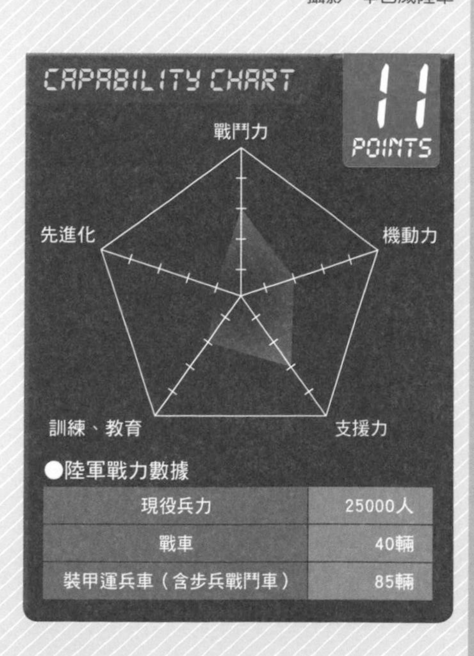

●陸軍戰力數據

現役兵力	25000人
戰車	40輛
裝甲運兵車（含步兵戰鬥車）	85輛

用中國製武器打內戰

蘇丹陸軍

Sudanese Army

陸軍冷知識

蘇丹陸軍在達佛戰爭時屠殺非穆斯林，遭到國際社會一片撻伐。

老舊卻仍然是主力的T-54/55戰車。 攝影：法新社

蘇丹陸軍的前身是1925年英國建立的蘇丹防衛軍。

1956年蘇丹獨立時一併成立的蘇丹陸軍，一開始是得到英國的支援，但是後來遭逢政變，轉變為社會主義政權，此後便得到了蘇聯的支援。至於現在，因為蘇丹擁有豐富的地下資源，中國也來提供支援。

現在的蘇丹陸軍兵力有24萬人，在緊急時還能徵召8萬5000人規模的準軍事組織來到陸軍轄下。實戰部隊包括1個偵搜旅、1個裝甲旅、1個機械化步兵師、11個步兵師、1個空中機動師等單位。

裝備大多是社會主義政權時期引進的T-54/55戰車和BMP-1/2步兵戰鬥車，近年來則是獲得中國授權自行生產85式II M型戰車，命名為「阿爾・巴希爾式」。另外，還採購了96式戰車、92式裝甲運兵車等，中國製裝備急速增加。

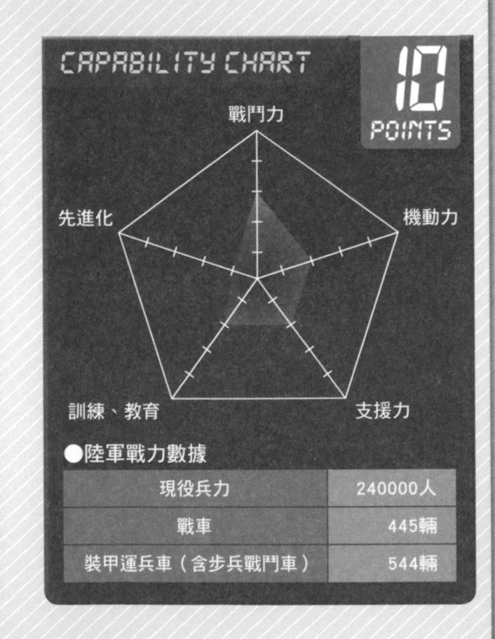

●陸軍戰力數據

現役兵力	240000人
戰車	445輛
裝甲運兵車（含步兵戰鬥車）	544輛

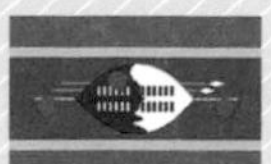

創建以來從未有過實戰經驗

史瓦濟蘭國防軍 Umbutfo Swaziland Defense Force

史瓦濟蘭國防軍創建於1968年，史瓦濟蘭王國從英國占領下獨立建國的同時。由於史瓦濟蘭實施絕對的王權政治，國內不曾發生內亂，與周邊鄰國也沒有領土紛爭，使得史瓦濟蘭國防軍成了非洲各國中極少數的、創建以來，從來沒有經歷過實戰的部隊。

現在史瓦濟蘭國防軍總兵力約有3000人，地面部隊除了配備南非製RG-31 Nyala防地雷裝甲車（7輛），還有以色列製造的加利自動步槍等輕武器。

參加儀式的史瓦濟蘭國防軍儀隊。 攝影：US Army Africa

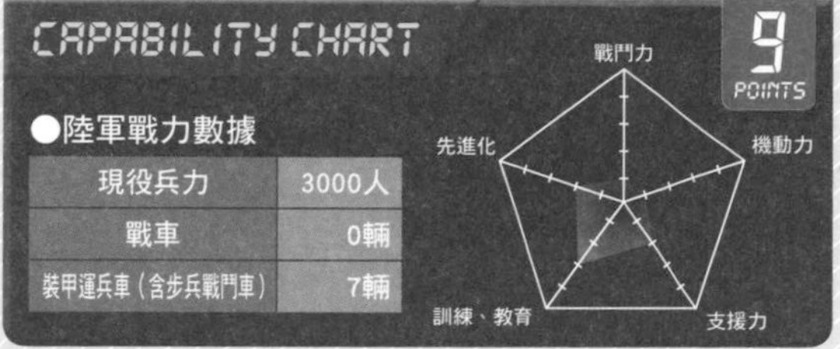

●陸軍戰力數據

現役兵力	3000人
戰車	0輛
裝甲運兵車（含步兵戰鬥車）	7輛

陸軍冷知識

史瓦濟蘭國防軍的主要任務是維持國內治安，並且監視反對絕對王權的在野黨勢力。

以舊式共產國家武器為核心

赤道幾內亞陸軍 Army of Equatorial Guinea

赤道幾內亞陸軍成立於1968年，赤道幾內亞脫離西班牙獨立建國時。赤道幾內亞陸軍備有兵員1400人，由職業軍人和選拔徵募士兵所構成。

赤道幾內亞獨立以來，就和蘇聯等東歐各國保持緊密關係，因此陸軍配備的T-55戰車、BMP-1步兵戰鬥車、BRDM-2裝甲車等，都是蘇聯提供的武器。陸軍轄下有航空隊，配備著從烏克蘭引進的Mi-24V攻擊直升機。

赤道幾內亞陸軍參加ECCAS（中非國家經濟共同體）的演習一景。 攝影：US Army Africa

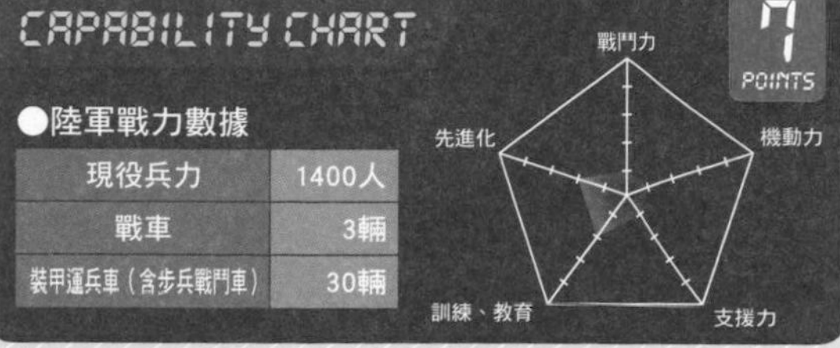

●陸軍戰力數據

現役兵力	1400人
戰車	3輛
裝甲運兵車（含步兵戰鬥車）	30輛

陸軍冷知識

自1979年以來就掌握政權的恩圭馬總統出身於陸軍，但是執政期間陸軍卻發起過數次失敗的政變。

陸軍冷知識

現在的賽席爾逐漸向西方國家靠攏，成為極少數准許美軍設置MQ-9死神Reaper無人機基地的非洲國家。

印度洋樂園中的超迷你陸軍

塞席爾國防軍地面部隊 Seychelles People's Defense Forces Land Force

塞席爾在1976年脫離英國獨立建國，當時並沒有設置軍隊。現在的塞席爾國防軍，是以1977年政變時組織的民兵集團為基礎發展而成的。

現在國防軍的地面部隊有兵力200人，組成輕步兵隊、特戰隊、總統護衛隊、憲兵隊等單位。

裝備有蘇聯引進的BRDM-2裝甲偵察車、捷克斯拉夫引進的RM-70多管火箭，大都是前蘇聯與東歐製造的武器。

前蘇聯開發的BRDM-2裝甲偵察車。

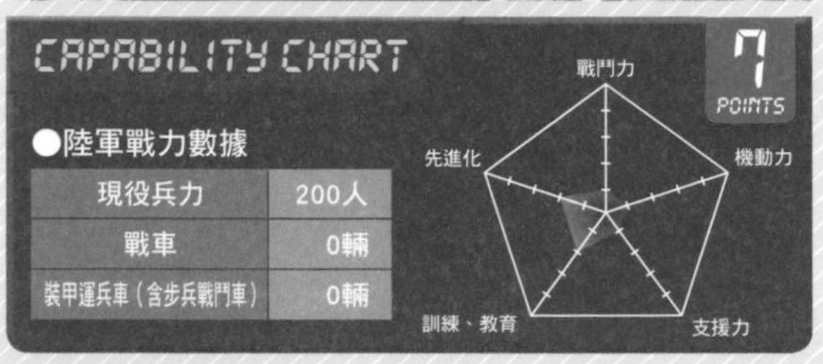

●陸軍戰力數據

現役兵力	200人
戰車	0輛
裝甲運兵車（含步兵戰鬥車）	0輛

陸軍冷知識

塞內加爾陸軍突擊兵營，是接受美國陸軍特種部隊的訓練。

獨立後仍舊重視與法國的關係

塞內加爾陸軍 Senegalese Army

塞內加爾陸軍擁有兵員1萬1900人，是由職業軍人和甄選的募兵所構成的軍隊。實戰部隊包含4個裝甲偵察營、1個突擊兵Commando營、6個步兵營、1個空中機動營、1個砲兵營。此外，基於防衛協定，法國派遣了海軍陸戰隊第23營駐防在塞內加爾境內。

塞內加爾自獨立以來，一貫採取親法政策，軍中配備著AML-90/60裝甲偵察車、蜜獾式Ratel裝甲車等，大多數武器是法國製造的。

法國開發的四輪型AML裝甲車。 攝影：ARMY RECOGNITION

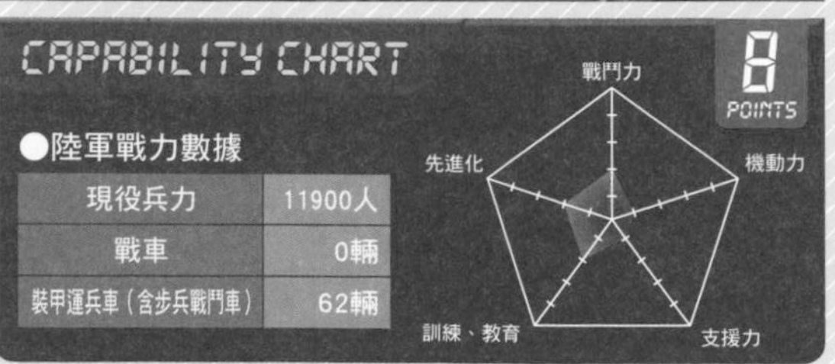

●陸軍戰力數據

現役兵力	11900人
戰車	0輛
裝甲運兵車（含步兵戰鬥車）	62輛

在歐美主導下重建當中

索馬利亞陸軍 Somali National Army

從英國獨立之後，索馬利亞採取社會主義政策，陸軍得到蘇聯的支援，配備了一些現代化的裝備。

可是從1988年起，索馬利亞爆發了持續長達四分之一世紀的內戰，軍隊事實上已經瓦解，目前則是在歐美國家支援下走向重建之路。

現在的索馬利亞陸軍備有現役兵力2萬人，實戰部隊是由6個輕步兵旅所構成。

現在陸軍配備的都是自動步槍等輕武器，並沒有戰車或裝甲車、大口徑火砲等重武器。

索馬利蘭所配備的T-54/55戰車。
攝影AMISOM Public Information

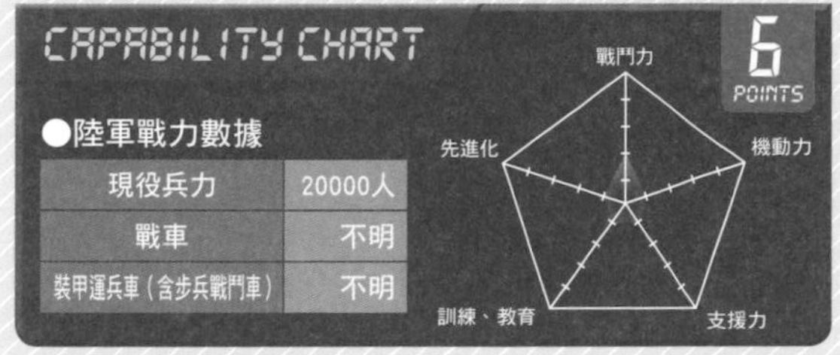

●陸軍戰力數據

現役兵力	20000人
戰車	不明
裝甲運兵車（含步兵戰鬥車）	不明

陸軍冷知識

事實上已經是獨立國家的索馬利蘭，備有1萬5000名的陸軍，並且配備蘇聯提供的T-54/55戰車。

與烏干達交戰並贏得勝利

坦尚尼亞國防軍 Tanzania People's Defence Force

1964年創建的坦尚尼亞國防軍，曾經在1978年擊退對立的烏干達的入侵。而且轉守為攻，反過來攻占了烏干達首都坎帕拉，功勳卓著。

坦尚尼亞陸軍擁有2萬3000名現役兵力，另外還有警察等1400人的準軍事組織。

陸軍實戰部隊有1個裝甲旅、5個步兵旅、4個砲兵營、1個工兵營。武裝包括蘇聯製T-54/55戰車、中國製59G戰車等，大多是社會主義國家慣用的武器。

砲塔造型和原型大不相同的59G戰車。
攝影：ARMY RECOGNITION

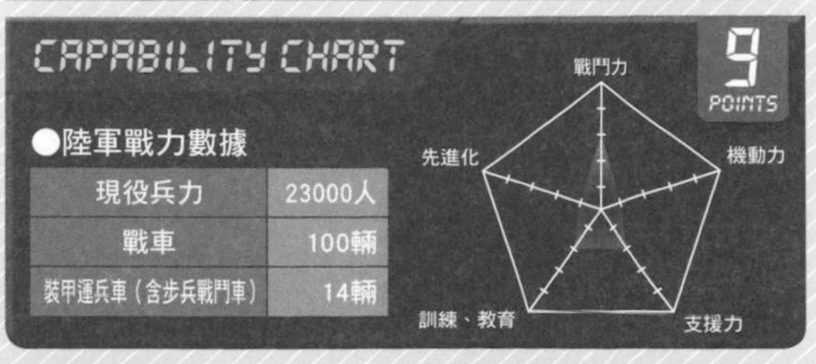

●陸軍戰力數據

現役兵力	23000人
戰車	100輛
裝甲運兵車（含步兵戰鬥車）	14輛

陸軍冷知識

坦尚尼亞陸軍的59G戰車是59式的改良版，追加附加裝甲，更換新引擎，戰鬥力大幅提升。

受限於預算不足而難以現代化

查德陸軍 Chadian Ground Forces

陸軍冷知識

查德陸軍為了穩定中非的治安穩定，派遣800名官兵加入非洲聯軍。

查德在2005年到2010年期間爆發內戰，內戰結束後，反政府組織和伊斯蘭基本教義派武裝集團（ISIS）仍舊不停的發動攻擊，因此陸軍決定更新裝備、調整軍制，但是卻受限於預算不足而無法實現。

現在的查德陸軍有兵力1萬7000人-2萬人，實戰部隊被劃分為1個戰車營、7個步兵營等單位。另外，還有4500人的共和國防衛隊，以及法國陸軍派駐在查德的950人機械化步兵部隊。

法國開發的ERC90輪型裝甲車。 攝影：ARMY RECOGNITION

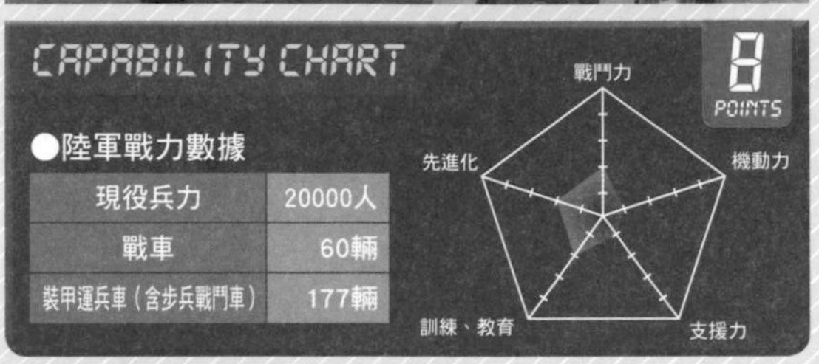

●陸軍戰力數據

現役兵力	20000人
戰車	60輛
裝甲運兵車（含步兵戰鬥車）	177輛

喪失機能的陸軍

中非武裝部隊地面部隊 Central African Armed Force Ground Forces

陸軍冷知識

駐留在中非的維持和平部隊，是由法國、喀麥隆、查德、剛果共和國、赤道幾內亞、加彭等六國派兵組成。

中非武裝部隊地面部隊在經歷過2004年至2007年的內戰，以及隨即發生的宗教對立武裝鬥爭之後，戰力不斷消耗。現在只能算是虛有其名，戰鬥機能已經喪失了。

因此，國內的治安維護得要依賴法軍和非洲聯軍，也就是非洲各國出兵組成的聯軍來協助。

地面部隊兵力約7000人，編組成1個機械化步兵旅、1個輕步兵旅、1個共和國防衛隊（團級規模），以及1個工兵營。

扛著RPG-7火箭彈發射器的士兵。 攝影：法新社

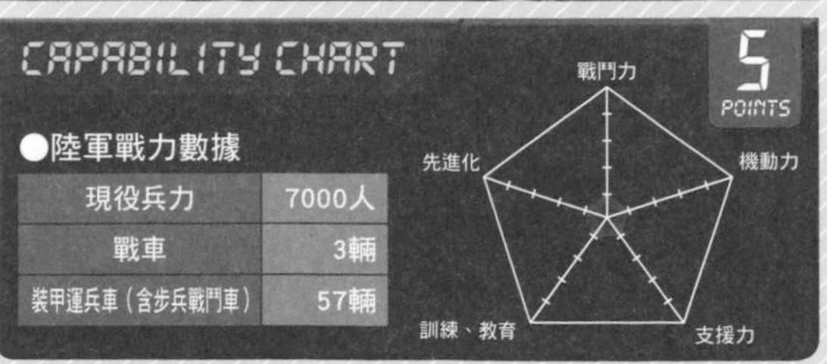

●陸軍戰力數據

現役兵力	7000人
戰車	3輛
裝甲運兵車（含步兵戰鬥車）	57輛

深獲國民信賴的陸軍

突尼西亞陸軍

Tunisian Army

在飛雅特6614裝甲車前方，和小貓玩耍的士兵。　　攝影：突尼西亞陸軍

陸軍冷知識

據說茉莉花革命時，突尼西亞陸軍參謀總長拒絕了阿里總統（當時）向人民開火射擊的命令。

突尼西亞在非洲各國之中，算是政治、經濟面都比較穩定的國家，所以沒有軍方發起武裝政變的歷史。直到2011年出現了「茉莉花革命」，當時曾派出陸軍防範示威群眾發生暴亂，但示威群眾卻送咖啡給陸軍士兵們飲用，可見人民對軍方的信賴。

現在的突尼西亞陸軍總兵力有2萬7000人，其中有5000人是職業軍人，2萬2000人是徵募兵。實戰部隊是由1個特種作戰旅、1個撒哈拉特戰旅、1個裝甲偵搜團、3個機械化步兵旅、1個工兵團所構成。

突尼西亞建國以來就實施親歐政策，陸軍配備了美國製的M60A1/A3戰車、M113裝甲車、奧地利製SK-105輕戰車、義大利製飛雅特6614裝甲車等，幾乎全都是來自歐美的武器。

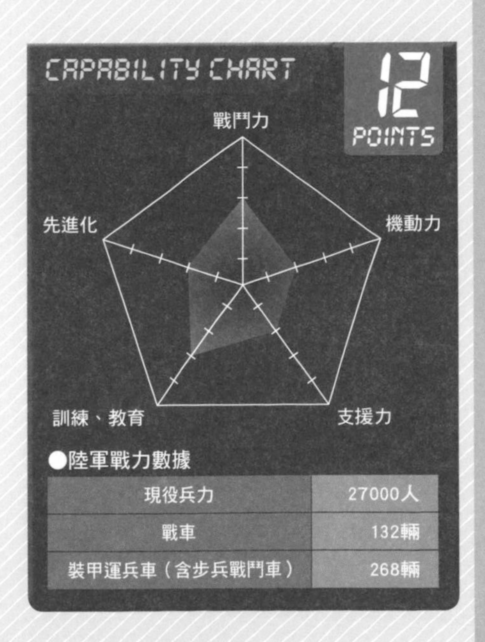

●陸軍戰力數據

現役兵力	27000人
戰車	132輛
裝甲運兵車（含步兵戰鬥車）	268輛

陸軍冷知識

前總統埃亞德馬曾經是法國外籍兵團的一員，參加過印度支那戰爭和阿爾及利亞戰爭。

裝備日益陳舊

多哥陸軍 Togolese Army

多哥陸軍成立於1960年，也就是多哥共和國從法國領地獨立出來的時候。

現在的多哥陸軍兵力有8100人，此外還有國家憲兵隊750人。

陸軍實戰部隊備有1個裝甲偵搜團、2個混成步兵團、2個輕步兵團、1個快速反應步兵團、1個空中機動團，以及總統護衛隊。

裝備包含蘇聯製T-54/55戰車、英國製蠍式Scorpion輕戰車等，都已經是舊式的武器了。

搭載76mm砲的蠍式輕戰車。 攝影：Ministere de la Defense

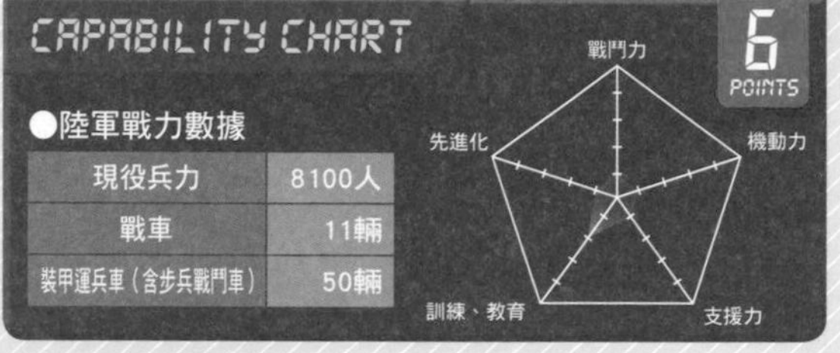

CAPABILITY CHART

6 POINTS

●陸軍戰力數據

現役兵力	8100人
戰車	11輛
裝甲運兵車（含步兵戰鬥車）	50輛

Army Column

內戰尚未結束，維持和平部隊持續駐守

非洲聯軍索馬利亞維和部隊
African Union Mission in Somalia

自從1988年內戰爆發以來，直到現在都沒有結束的索馬利亞內戰，有許多國家都派遣了維和部隊前往該國。第一次派遣是在1992年，基於聯合國安理會決議，由美軍和多國聯軍派駐索國，結果內戰軍閥之一的艾迪德將軍竟然向聯合國發出宣戰公告，隨即挑起戰爭，造成多國聯軍多人傷亡，不得不撤離。

目前接替索馬利亞聯合國PKO部隊駐守的，是非洲聯軍的維和部隊，在衣索比亞軍隊撤離後隨即進駐，兵力有1萬5000人。

維和部隊會在需要時出動戰車。
攝影：索馬利亞維和部隊

撒哈拉以南最大的陸軍

奈及利亞陸軍

Nigerian Army

在閱兵中行進致敬的潘哈德Panhard M3裝甲車。　攝影：奈及利亞陸軍

陸軍冷知識

奈及利亞陸軍挑起過多次政變，掌握政權。現在仍舊在政治方面擁有強大影響力。

奈及利亞陸軍創建於1960年，是以英國殖民地時代的西非軍為骨幹成立的。奈及利亞陸軍曾經參與比夫拉戰爭（奈及利亞內戰），現在則是和伊斯蘭基本教義派武裝集團博科聖地Boko Haram、反政府武裝集團尼日河三角洲解放軍持續纏鬥當中。

因為戰事還在持續，使得撒哈拉以南只有奈及利亞陸軍持續擁有足以和南非相比擬的兵力。現在奈及利亞陸軍擁有兵員6萬2000人，還有名為市民防衛軍的準軍事組織，兵員多達8萬人，配備有司事式Sexton裝甲車。

陸軍實戰部隊有1個裝甲師、3個機械化步兵師、2個輕步兵師、1個總統護衛隊（旅級規模）等單位。配備包括維克斯Mk.3戰車、蠍式輕戰車等宗主國英國製的武器。此外，還有蘇聯製T-55戰車、法國製AML-90裝甲偵察車、瑞士製食人魚裝甲車等多國的武器。

●陸軍戰力數據

現役兵力	62000人
戰車	433輛
裝甲運兵車（含步兵戰鬥車）	484輛

陸軍冷知識

納米比亞與南非現任政權保持友好，陸軍也引進了南非製的Casspir裝甲車。

大部分戰車都無法運作？

納米比亞陸軍 Namibian Army

納米比亞陸軍的起源，要回溯到納米比亞脫離南非獨立時，當時組織了一個西南非人民組織（SWAPO）的軍事部門，在1990年獨立之後改制成為陸軍。

現在納米比亞陸軍兵力有9000人，實戰部隊包含6個步兵營、1個總統護衛隊、1個戰鬥支援旅等單位。

在獨立戰爭的時期，SWAPO接受鄰國安哥拉，以及支援安哥拉的古巴軍隊的支援。當時古巴曾經提供蘇聯製T-34戰車和T-55戰車，不過大部分已經無法運用了。

不用戰車，而是以裝甲車為主力的納米比亞陸軍。
攝影：納米比亞陸軍

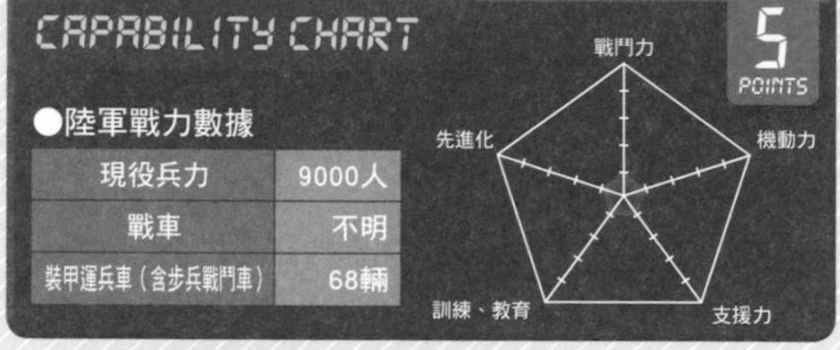

●陸軍戰力數據

現役兵力	9000人
戰車	不明
裝甲運兵車（含步兵戰鬥車）	68輛

陸軍冷知識

尼日陸軍的幹部，大都曾經前往前宗主國法國所屬的摩洛哥、阿爾及利亞等國接受軍官教育。

頻繁發動叛亂和政變的陸軍

尼日陸軍 Niger Army

尼日陸軍是尼日從法國領地獨立的1960年創建的。

尼日陸軍挑起過4次政變，推動軍政治國。到了2002年，又因為士兵對待遇不滿而發起叛亂。

現在的尼日陸軍有兵力5200人，由職業軍人和徵募士兵組成。此外，還有5400人的準軍事組織，配置在國家憲兵隊、國家警察、共和國防衛隊之中。

武裝有AML-90/60裝甲偵察車和VBL裝甲車等，大多數是前宗主國法國製造的武器。

由法國引進的VBL裝甲車。
攝影：World Armies

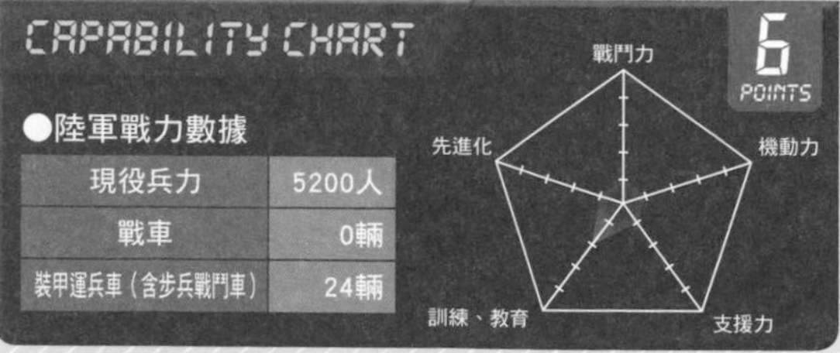

●陸軍戰力數據

現役兵力	5200人
戰車	0輛
裝甲運兵車（含步兵戰鬥車）	24輛

建國以來發動了5次政變

布吉納法索陸軍 The Army of Burkina Faso

布吉納法索陸軍自建國以來，已經發起5次政變，前任總統龔保雷原是陸軍上尉，因為舉兵叛變而掌握政權，長期執政到2014年。

布吉納法索陸軍現在備有兵力6400人。此外，還有2500人規模的國家憲兵隊。

實戰部隊有1個機械化步兵團、7個輕步兵團、1個空中機動團、1個砲兵營、1個工兵營等單位。布吉納法索陸軍曾在2011年實施大規模裁員變革，好幾個團也在當時成形。

扛著RPG-7參加閱兵的陸軍士兵。　攝影：ARMY RECOGNITION

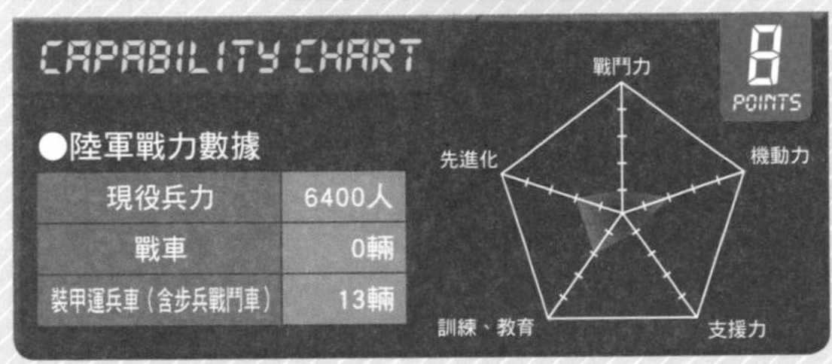

●陸軍戰力數據

現役兵力	6400人
戰車	0輛
裝甲運兵車（含步兵戰鬥車）	13輛

冷知識 陸軍

布吉納法索陸軍曾接受過美國特種作戰部隊的反恐作戰訓練。

經歷了10年以上的內戰

蒲隆地陸軍 Burundi National Army

蒲隆地的內戰從1993年持續到2005年，陸軍總是在第一線上戰鬥。

現在的蒲隆地陸軍備有現役兵力2萬人，緊急時還能徵召預備役，組成10個步兵營投入戰鬥。

陸軍實戰部隊有2個機械化步兵營、7個輕步兵營、1個砲兵營等單位。配備包括AML-90/60裝甲偵察車和潘哈德Panhard M3裝甲車等法國製戰鬥車輛，以及BRDM-2裝甲偵察車、BTR-80裝甲車等前蘇聯（俄羅斯）製武器為主。

以輪型裝甲車為主力的蒲隆地陸軍。　攝影：法新社

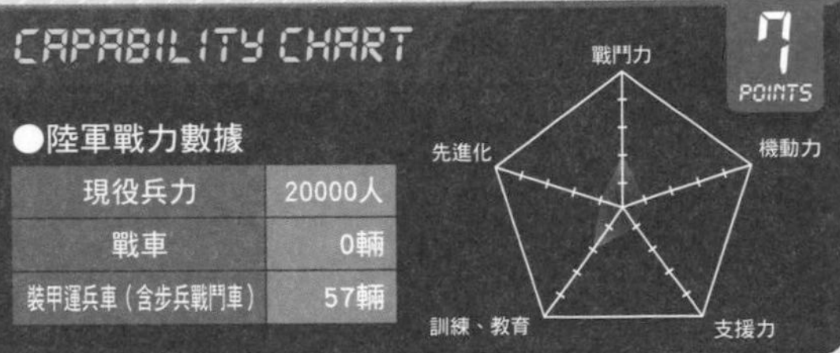

●陸軍戰力數據

現役兵力	20000人
戰車	0輛
裝甲運兵車（含步兵戰鬥車）	57輛

冷知識 陸軍

蒲隆地陸軍備有航空隊，能夠運用Mi-24攻擊直升機和SA342多用途直升機。

陸軍冷知識

貝南陸軍接受了比利時陸軍的訓練與支援。

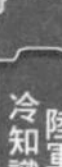

正在逐步汰換前蘇聯製的老舊裝備

貝南陸軍 Benin Army

從1990年起，貝南共和國算是非洲各國中比較穩定的國家，軍隊能夠正常的執行國防任務。

現在的貝南陸軍有兵力6500人，由職業軍人和徵募士兵所組成。除陸軍之外，還有4200人的國家憲兵隊、緊急時可納入陸軍指揮下的4萬5000人民兵組織，以及250人的治安部隊。

貝南政府曾經採行社會主義路線，因此獲得許多蘇聯製裝備，但是現在則替換成了AML-90/60裝甲偵察車等法國製武器。

立姿射擊訓練中的貝南陸軍士兵。　攝影：Jad Sleiman

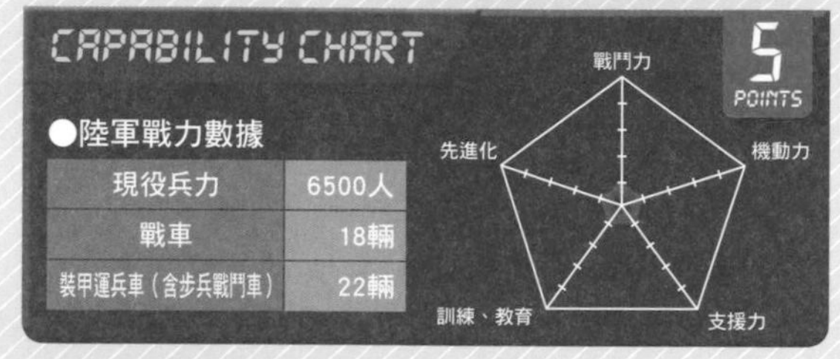

●陸軍戰力數據

現役兵力	6500人
戰車	18輛
裝甲運兵車（含步兵戰鬥車）	22輛

陸軍冷知識

波札那陸軍接受美國的訓練支援，有多達85%的軍官都接受美軍教育訓練，並且合格畢業。

國家穩定因此沒有實戰經驗

波札那陸軍 Botswana Ground Forces

波札那自從建國以來，就採取謹慎外交，避免和周遭國家的關係惡化。在國內強調人種、民族的融合，對外也是將國內局勢視為第一考量，這樣的穩健策略，使得波札那陸軍沒有實戰經驗，也沒有發生軍方政變的狀況。

現在波札那陸軍兵力有8500人，全都是志願役官兵。除陸軍以外，還備有警察機動隊1500人，是國內的準軍事組織。

陸軍實戰部隊由1個裝甲旅、2個步兵旅、1個砲兵旅等單位構成。

進行迫擊砲射擊訓練的波札那陸軍士兵。　攝影：波札那軍

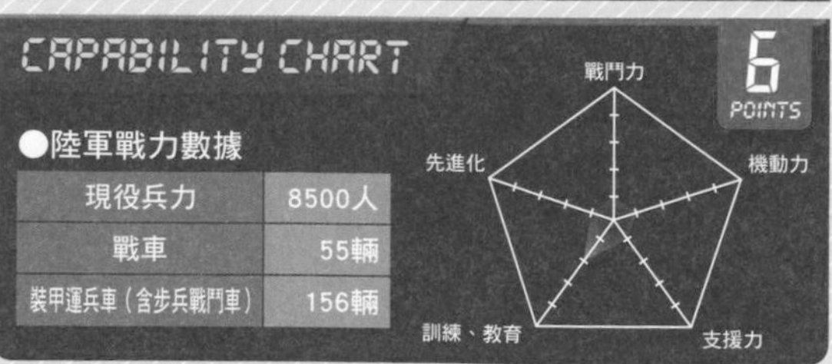

●陸軍戰力數據

現役兵力	8500人
戰車	55輛
裝甲運兵車（含步兵戰鬥車）	156輛

掌握住政府的人選名單

馬達加斯加武裝部隊 Madagascar People's Armed Forces

馬達加斯加在2009年曾發生不滿總統拉瓦盧馬納納（當時）的抗議集會，政情不穩，馬達加斯加陸軍中的反對派趁勢而起，解除馬納納總統的職務，而反對派領袖也隨即掌握政權。

現在馬達加斯加陸軍有兵力1萬2500人（以上），除陸軍之外，還有8500人的國家憲兵隊。

陸軍實戰部隊是由12個輕步兵團、1個砲兵團、3個工兵團所組成。

在BRDM2裝甲車前擺出射擊姿勢的士兵。 攝影：blogplf

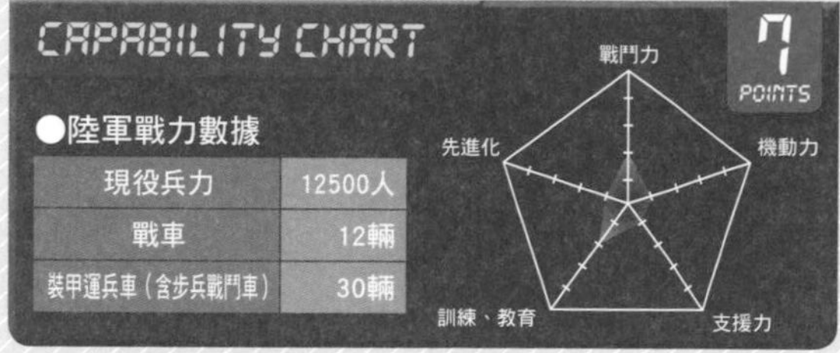

●陸軍戰力數據

現役兵力	12500人
戰車	12輛
裝甲運兵車（含步兵戰鬥車）	30輛

陸軍冷知識

馬達加斯加與印度維持著友好關係，甚至允許印度軍隊在國內設置通訊截收裝置。

可運作的裝甲車僅有20%

馬拉威陸軍 Malawi Army

馬拉威陸軍創設於1964年，前身是前宗主國英國陸軍轄下的馬拉威步槍兵隊。

現在的馬拉威陸軍有官兵5300人，全都是志願役。除了陸軍之外，還有1500人的警察機動隊，用於維持治安。

配備方面包括法國授權南非製造的大羚羊式Eland裝甲偵察車、英國製貂式Ferret裝甲偵察車等，這些裝甲車輛日漸老舊，目前的妥善率只有總數的20%。

和美軍共同演訓的陸軍士兵。 攝影：US Army Africa

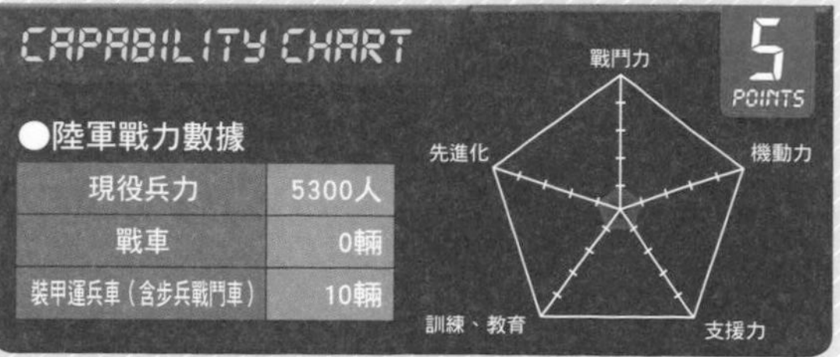

●陸軍戰力數據

現役兵力	5300人
戰車	0輛
裝甲運兵車（含步兵戰鬥車）	10輛

陸軍冷知識

馬拉威陸軍接受了美國的國際軍事協助計畫支援，幾乎所有實戰部隊都接受了美軍的訓練。

內戰時曾一度潰滅

馬利陸軍

Mali Army

陸軍冷知識

現在馬利國內有以法軍為中心的4000名維和部隊駐守。

前蘇聯製BTR-60八輪輪型裝甲車。 攝影：德新社Photo

馬利陸軍曾在2012年投入戰況激烈的利比亞內戰，累積戰鬥經驗。當時交戰的對手圖瓦雷克族「阿扎瓦德民族解放陣線」配備著高性能武器，馬利陸軍在交戰時蒙受嚴重損失，陷入功能停頓狀態。

馬利陸軍創建於1960年，從當年到現在，已經經歷過3次政變，最近一次2012年政變，儘管陸軍被阿扎瓦德民族解放陣線打到瀕臨潰滅，裝備嚴重不足，仍舊有一群對現狀不滿的尉官階層軍官發起叛變。

馬利陸軍目前還在重新整編當中，2013年時已經編組了總計3000名官兵的3支步兵部隊。

過去曾引進的裝甲車輛等重裝備，都在圖瓦雷克族建國後持續不斷的交戰中大量損毀。現在只有俄羅斯製BTR-152裝甲車（10輛）和BTR-70裝甲車（9輛）等殘存下來。

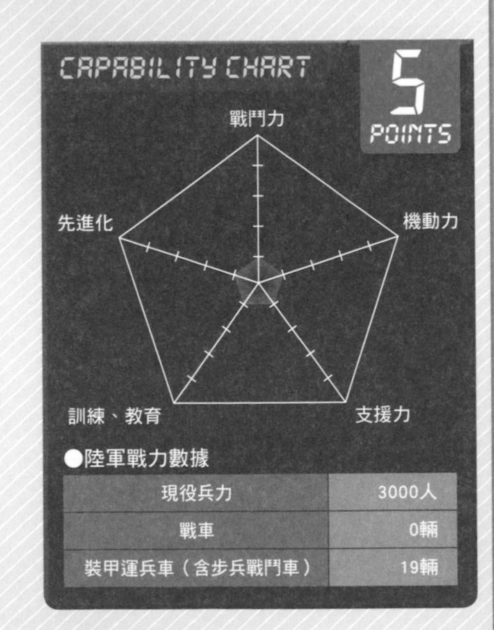

●陸軍戰力數據

現役兵力	3000人
戰車	0輛
裝甲運兵車（含步兵戰鬥車）	19輛

實戰經驗和武器裝備都很充實

南非陸軍

South African Army

用百夫長戰車改良而成的象式戰車。

攝影：World Armies

陸軍冷知識

現在南非和非洲各國訂定了友好協定，陸軍曾經派兵前往蘇丹，加入聯合國的維和部隊。

南非陸軍的前身是英國陸軍的預備隊，南非獨立之後創建的南非陸軍，動輒以軍事手段介入安哥拉、納米比亞、赤道幾內亞等國，因此實戰經驗豐富，不僅是在非洲名列前茅，在全球也稱的上是知名的精銳陸軍。

現在的南非陸軍總兵力有3萬7500人，實戰部隊是由2個裝甲偵搜營、1個偵搜營、3個戰車營、6個機械化步兵營、19個輕步兵營、7個砲兵團、4個防空團、2個工兵團所構成。

在種族隔離政策時代，南非遭到世界各國的武器禁運抵制，所以南非很積極的投入研發國產武器。現在已經把從英國引進的百夫長式自行改造成象式Oliphant戰車，完成裝備，還有大山貓式Rooikat驅逐戰車、蜜獾式Ratel裝甲車等，都是國產武器，由此可見工業實力雄厚。

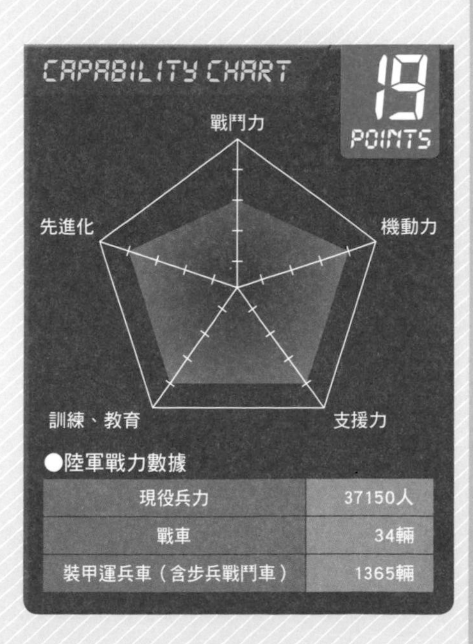

●陸軍戰力數據

現役兵力	37150人
戰車	34輛
裝甲運兵車（含步兵戰鬥車）	1365輛

陸軍冷知識

2013年12月，少部分陸軍發起叛變，和總統護衛隊爆發衝突。雖然政變失敗，但是戰鬥還是持續下去。

從反政府武裝集團升格為國家軍隊

南蘇丹陸軍 South Sudan Army

南蘇丹陸軍是2011年南蘇丹從蘇丹獨立出來時創設的軍隊。前身是蘇丹人民解放軍，這是由南蘇丹的非阿拉伯系世俗主義者為中心組成的，建國之後才改組成正規軍。

南蘇丹陸軍備有兵力21萬人，實戰部隊由9個步兵師所構成。

蘇丹人民解放軍接受蘇聯和衣索比亞等國的支援，南蘇丹陸軍的裝備也是，例如T-72M1戰車等，都是以前蘇聯提供的武器為主力。

前蘇聯時代開發的T-72M1戰車。 攝影：法新社

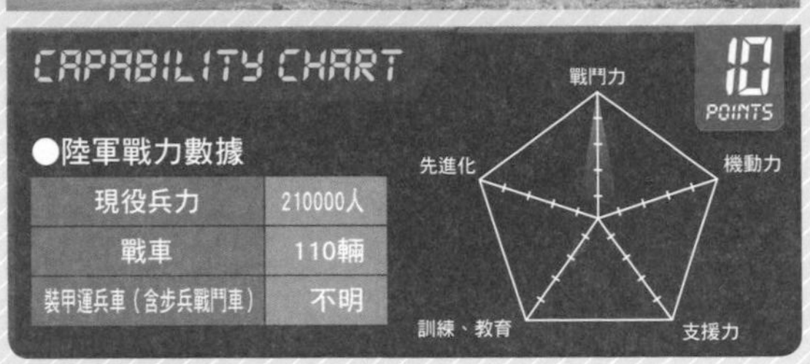

●陸軍戰力數據

現役兵力	210000人
戰車	110輛
裝甲運兵車（含步兵戰鬥車）	不明

Army Column

任務所需知識、技能的研修設施

非洲PKO訓練中心

African Peacekeeping Operation Centers

在紛爭不斷的非洲，為了讓非洲聯盟參與PKO維和行動，需要教育軍、警、文官人員，讓他們取得必要的知識與技能，於是聯合國設置了PKO訓練中心。

現在的PKO訓練中心分別設置在埃及、肯亞、南非、衣索比亞等10國11處基地。除了訓練本國PKO要員，也接納其他國家前來受訓的學員。

PKO訓練中心得到聯合國的支援，日本也以各種不同的形式，為聯合國訓練中心提供支援。

日本也會派遣專家前往訓練中心。 攝影：IPSTC

合作投入非洲的反恐作戰

茅利塔尼亞陸軍 Mauritanian National Army

茅利塔尼亞在外交上主張穩健親歐政策，因此會派兵協助美國執行反恐任務。

現在的茅利塔尼亞陸軍擁有兵力1萬5000人，除陸軍之外，還有國家憲兵隊和國境警備隊等準軍事組織。

陸軍實戰部隊是由1個戰車營、1個裝甲偵搜連、2個駱駝騎兵營、7個機械化步兵營、8個步兵營、1個突擊／空中機動營、3個砲兵連所構成。裝備是蘇聯製的T-54/55戰車、法國製AML-60裝甲偵察車、潘哈德Panhard M3裝甲車等武器。

扛起RPG-7火箭彈發射器的士兵。　攝影：ARMY RECOGNITION

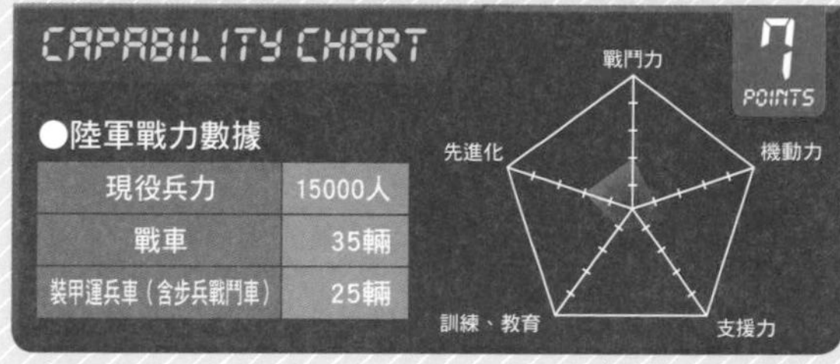

●陸軍戰力數據

現役兵力	15000人
戰車	35輛
裝甲運兵車（含步兵戰鬥車）	25輛

陸軍冷知識　茅利塔尼亞陸軍在2012年，發生了總統阿卜杜勒·阿齊茲的車隊遭到誤擊的事件。

內戰終結後誕生的陸軍

莫三比克國防軍地面部隊 Armed Forces for the Defence of Mozambique

莫三比克國防軍成立於內戰結束的1994年，當時聯合國議長主導的莫三比克委員會決定要建立國防軍。

國防軍地面部隊的地位相當於陸軍，兵力有9000-1萬人，實戰部隊由3個特種作戰營、7個輕步兵營、2-3個砲兵營所組成。

武裝配備有T-54/55戰車（60輛）、BRDM-1/2裝甲偵察車（30輛）等，都是社會主義政權時期從蘇聯引進的武器。這些武器在內戰時嚴重耗損，加上老舊故障，可用車輛只剩下10%。

T-54/55被譽為史上產量最多的戰車（照片為T-34/85）。
攝影：Hannes Jansen ven Rensburg

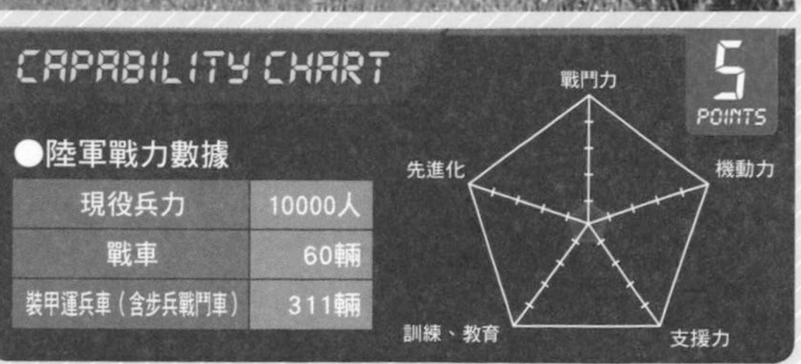

●陸軍戰力數據

現役兵力	10000人
戰車	60輛
裝甲運兵車（含步兵戰鬥車）	311輛

陸軍冷知識　內戰結束後，莫三比克的經濟開始好轉，但是軍事費用被極力壓低，使得部隊難以汰換裝備。

兵力與裝備都很強大的陸軍

摩洛哥陸軍

Royal Moroccan Army

陸軍冷知識

摩洛哥陸軍會派遣少數部隊到赤道幾內亞等國，協助訓練貴賓的警備防衛隊。

射擊中的M109 155mm自走榴砲。 攝影：US Army Africa

摩洛哥皇家陸軍（摩洛哥陸軍）創建於摩洛哥獨立建國的1958年。摩洛哥主張擁有西撒哈拉的統治權，而西撒哈拉則有主張獨立的波利薩里奧陣線，而且背後有阿爾及利亞支援，兩方因此陷入激戰。

現在的摩洛哥陸軍保有現役兵力17萬5000人，緊急時可動員15萬人的預備役。除陸軍之外，還有2萬3000人的國家憲兵隊、支援國家憲兵隊的4萬5000名輔助部隊（Auxiliary Force），以及3000人的王室護衛隊。

摩洛哥自從建國以來，就和美國與西歐國家保持良好關係，陸軍配備了美國製M1A1SA戰車、M60A3戰車、M113裝甲運兵車，法國製AMX10RC驅逐戰車和VAB裝甲車等。雖然歐美武器很多，但部隊中還是有俄羅斯製的T-72戰車和ZSU-23防空機砲車等武器。

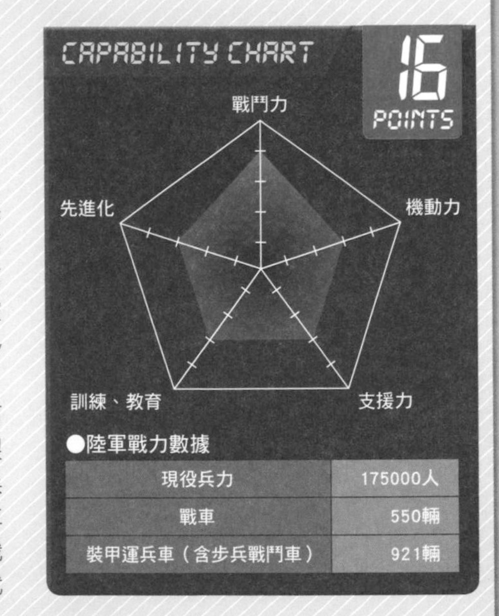

●陸軍戰力數據

現役兵力	175000人
戰車	550輛
裝甲運兵車（含步兵戰鬥車）	921輛

因內戰而崩潰、正在重建中

利比亞陸軍

Libyan Land Forces

在閱兵中列隊前進的利比亞陸軍裝甲部隊。　攝影：歐新社

陸軍冷知識

重建的利比亞陸軍戰力很弱，並因和伊斯蘭基本教義派武裝勢力（ISIS）對抗，而陷入苦戰當中。

第二次世界大戰期間，在盟軍協助下組成了利比亞阿拉伯軍，交給部族的首領，到了1951年利比亞王國建立時，轉變成為利比亞陸軍。

後來格達費上校發動政變，將國體改為共和制，這個陸軍組織仍舊存在。進入21世紀後，已經擁有8萬名官兵。但是，2011年利比亞爆發內戰，陸軍因此崩潰。之後的臨時政府為了維持治安，建立了新的利比亞陸軍。

現在的利比亞陸軍有兵力7000人，實戰部隊區分為1個特種作戰旅、1個戰車營、1個防空營，以及2個以上的步兵營。

內戰前，利比亞陸軍配備了蘇聯提供的武器，但是大都毀於內戰之中，只剩下7輛T-72戰車和T-55戰車。後來，NATO提供了4輛M113裝甲車，重裝備數量非常少。

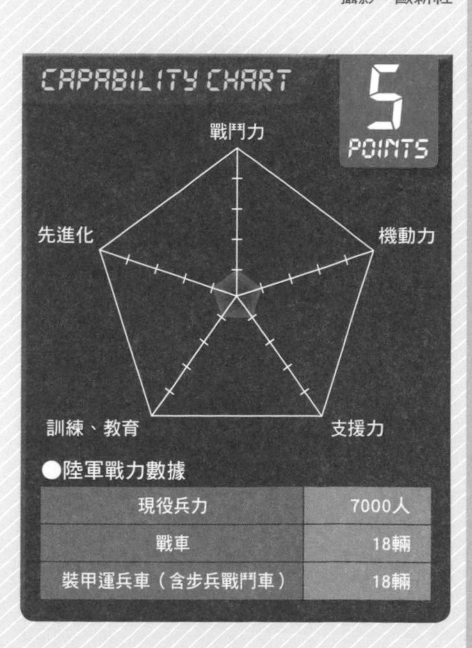

●陸軍戰力數據

現役兵力	7000人
戰車	18輛
裝甲運兵車（含步兵戰鬥車）	18輛

Army Column 非洲的民族紛爭，以及多國陸軍一同參加的非洲聯軍

第二次世界大戰後，非洲冒出了許多獨立國家，但是這些國家持續爆發內戰紛爭，造成許多人民喪生。

非洲國家的紛爭，主要原因有宗教對立、貧困、政治與經濟等多種要素，其中最複雜的就是民族對立了。在白人殖民地時代，白人為了能夠更容易統治非洲殖民地，會將特定少數民族安插到中間統治階層，用他們來管理多數派民族。

在黎巴嫩南部巡邏的聯合國維和部隊。 攝影：UN Peacekeeping

這時民族與民族之間形成的恨意，一直持續到獨立建國之後。死亡人數多達80萬至100萬的盧安達內戰，就是因為多數派民族胡圖族對於殖民地時期擔任中間統治階層的少數民族圖西族抱著不滿而引發的。

非洲的民族糾紛之所以持續不斷，原因是原本應當維持治安的國家軍隊，卻經常投入某一方勢力，結果那些難民只好和鄰國的武裝集團聯手對抗，造成國內治安更加惡化。

為了遏止這樣的民族紛爭，非洲聯盟創建了非洲聯軍，與聯合國、NATO的維和部隊合作。然而，非洲聯盟的加盟國有很多是財政困窘的小國，所以無法派遣像樣的戰鬥部隊加入聯軍。

被聯合國維和部隊解除武裝的蒲隆地軍隊。
攝影：United Nations Photo

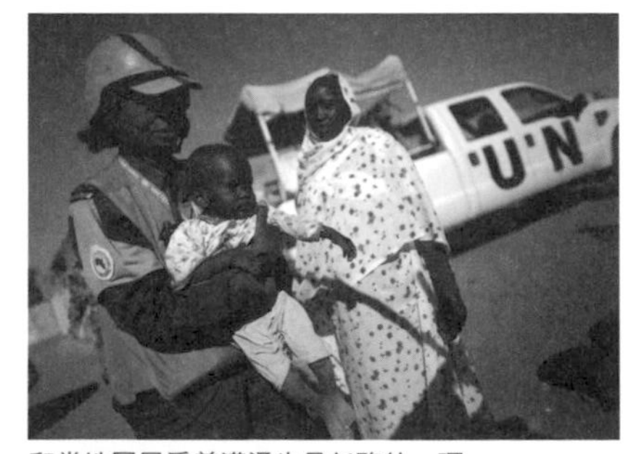

和當地居民妥善溝通也是任務的一環。
攝影：UN Peacekeeping

曾經牽涉大屠殺的陸軍

盧安達陸軍 Rwandan Defence Forces Land Force

盧安達在1990年代爆發了大規模內戰，起源是胡圖族與圖西族的爭鬥。在內戰過程中，還發生了陸軍參與大屠殺的事件。

現在的盧安達陸軍有兵力3萬2000人，由2個混成營、4個步兵師、1個砲兵旅所組成。在胡圖族政權時代，盧安達曾經得到法國的支援，所以陸軍配備了AML-90/60裝甲偵察車和蜜獾式Ratel裝甲車等法國製武器為主力。不過，還是保有一些蘇聯製T-54/55戰車和BMP步兵戰鬥車。

接受美軍士兵指導戰場醫療技能的盧安達陸軍士兵。

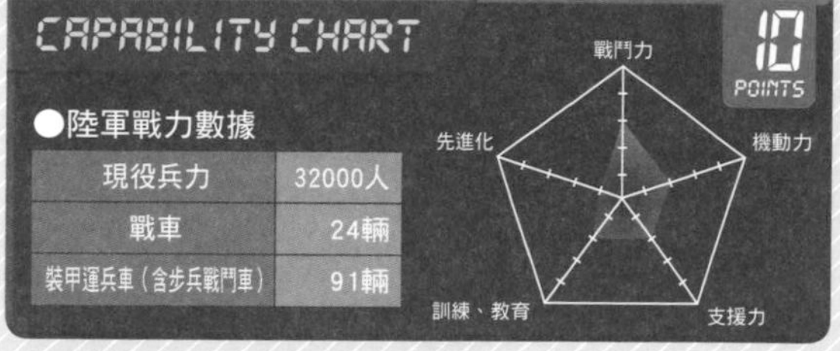

●陸軍戰力數據

現役兵力	32000人
戰車	24輛
裝甲運兵車（含步兵戰鬥車）	91輛

陸軍冷知識

過去盧安達陸軍曾和聯合國PKO部隊發生衝突，現在則是派兵參與聯合國PKO阻隔蘇丹與南蘇丹的紛爭。

維持非同盟中立的迷你陸軍

賴索托國防軍 Lesotho Defence Force

賴索托在1980至1990年代發生過2次政變，以及1次叛變未遂事件。因此有一段時期，得要靠南非與波札那派遣的治安維持部隊，來穩定國內治安。

之後，治安逐漸恢復，現在已經組織了一個2110人的國防軍（含航空隊），以及國防部轄下的準軍事組織、內政部轄下的賴索托騎馬警察隊等單位。

陸軍實戰部隊則是由7個步兵連、1個偵搜連、1個砲兵營、1個航空隊所構成。

曾經需要外國提供治安維持部隊來穩定治安。

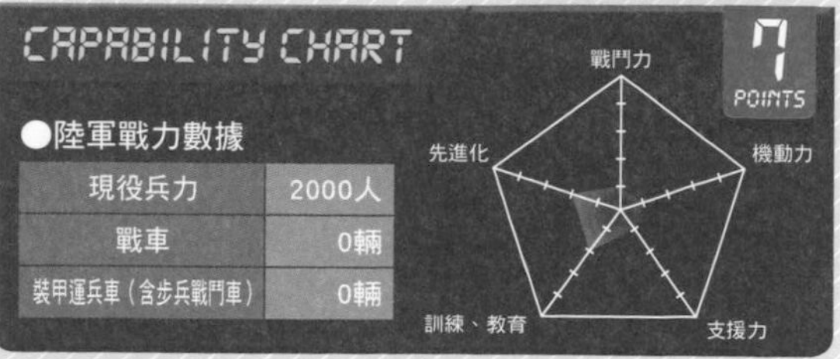

●陸軍戰力數據

現役兵力	2000人
戰車	0輛
裝甲運兵車（含步兵戰鬥車）	0輛

陸軍冷知識

國防軍與賴索托騎馬警察隊的關係並不良好，騎馬警察隊曾發起暴動，遭到國防軍鎮壓。

軍官學校的體系

為了培養職業軍人而成立的教育機構

在中世紀之前，軍隊的幹部、也就是軍官（少尉以上）是依照貴族身分來任命的。可是近代的軍隊中，則是由受過專門教育的職業軍人來擔任軍官，為此陸軍成立了軍官學校。

在世界知名的軍官學校中，格調比較特殊的是英國的桑德赫斯特皇家軍事學院。這間軍校的學生有不少王公貴族，比方說英國的威廉王子、西班牙的阿方索12世國王、約旦的阿卜杜拉二世國王等，都在這所軍校受過教育。

雖然格調不如桑德赫斯特，但是設施非常完備的美國陸軍軍官學校，通稱「西點軍校」（West Point），則是備有滑雪場、靶場甚至研究用核子反應爐的軍校。

西點軍校的占地多達65平方公里，是全球面積最大的軍校。 攝影：Marie-Lan Nguyen

法國的聖西爾陸軍官校以入學審核嚴格著稱，只收軍、民營大學中成績優秀的學生，而且必須是學士畢業程度，才能入學。

在二戰戰敗前，日本也有陸軍軍官學校，但是現在陸海空自衛隊的幹部多半是防衛大學的畢業生，還有從一般大學畢業生中選拔出來的人才，與陸曹航空操縱學生（陸自飛行士官）。

這些人會前往福岡縣久留米市的陸上自衛隊幹部學校接受教育，畢業後任命為三尉（少尉），研究所畢業生則會任命為二尉（中尉）。

桑德赫斯特是各國王公貴族加入的名門軍事學院。
攝影：Charles J Sharp

攝影：尼加拉瓜陸軍

Section 6

全球161國陸軍戰力完整絕密收錄

中美洲

專為反游擊戰而專業化的陸軍

薩爾瓦多陸軍

Salvadoran Army

陸軍冷知識

薩爾瓦多傾向親美，薩爾瓦多陸軍曾在2003年投入伊拉克戰爭，是中南美洲國家中唯一出兵的國家。

正在使用M4卡賓槍射擊中的薩爾瓦多士兵。　攝影：薩爾瓦多陸軍

薩爾瓦多陸軍隸屬於薩爾瓦多國防軍。薩爾瓦多採用徵兵制，目前陸軍的現役兵力有1萬3850人，其中有4000人是徵兵而來。

對外戰爭的經驗，是1963年世界盃足球賽預賽所引發的「足球戰爭」，當時敵對的國家是宏都拉斯。不過，因為國內屢屢發生內戰，還要和左派游擊隊FMLN對抗，這成為陸軍的主要任務。

現在的陸軍組織分為6個軍管區，每個軍管區配置1個旅，總計6個旅。此外，還有憲兵與國境警備隊組成的特別治安旅，以及特種作戰群。

與FMLN作戰的薩爾瓦多陸軍，在美國的支援下將部隊改組成擅長反游擊戰的組織。陸軍並沒有戰車和步兵戰鬥車，裝甲車和火砲也都是舊式武器，唯有步兵攜帶的美國製M4卡賓槍，算是比較新穎的武器。

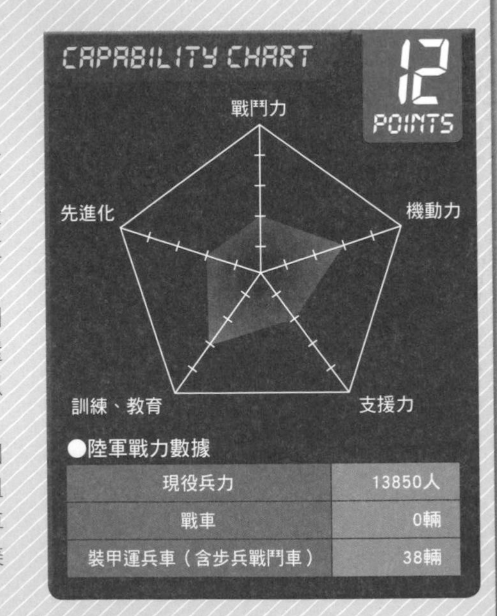

●陸軍戰力數據

現役兵力	13850人
戰車	0輛
裝甲運兵車（含步兵戰鬥車）	38輛

中美洲最強，但裝備已經老舊

古巴革命陸軍

Cuban Revolutionary Army

BTR-60SP防空機砲車（前排）。

攝影：ARMY RECOGNITION

陸軍冷知識

古巴是個島國，領土內有美國管理的關達那摩基地，所以革命陸軍轄下備有邊防旅。

古巴革命陸軍一如其名，是1959年古巴革命之後建立的陸軍。

在冷戰時期，古巴革命陸軍接受蘇聯等國的支援，兵力和裝備都非常強大，直到1990年初，總兵力仍有23萬5000人之多。

冷戰時古巴陸軍不僅防衛本土，還會派遣到海外包括中南美洲和中東、非洲等地。這些外派的軍事顧問的任務，是協助當地成立並且訓練軍隊，甚至曾經直接參與安哥拉內戰。

總計外派的兵力多達30萬人，還有超過1000輛的裝甲車。

冷戰結束後，失去了蘇聯的援助，再者，在安哥拉內戰中活躍的阿爾納爾多・奧喬亞少將因為走私毒品而被判處死刑，從此陸軍形象低落。

進入21世紀之後，古巴革命陸軍的士

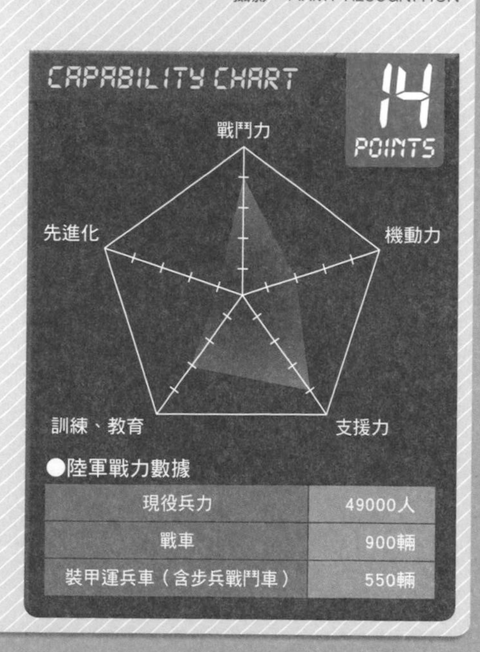

●陸軍戰力數據

現役兵力	49000人
戰車	900輛
裝甲運兵車（含步兵戰鬥車）	550輛

陸軍冷知識

古巴和北韓維持良好的關係，1980年代時，北韓曾經免費提供10萬支58式自動步槍（獲得蘇聯授權生產的AK-47）給古巴陸軍。

在2011年閱兵中新登場的輪型自走榴砲。 攝影：ARMY RECOGNITION

氣和精良度都不斷降低，後來得到巴基斯坦的支援，力圖重建，現在已經變身為現代化的軍隊了。

現在的古巴陸軍總兵力有現役4萬9000人、預備役3萬9000人。實戰部隊是由5個裝甲旅、9個機械化步兵師、1個傘兵旅所組成。

除陸軍外，還有青年勞動軍和地方民兵隊、生產防衛旅等準軍事組織，合計有112萬兵力。

戰鬥車輛中，有900輛戰車，不過都是冷戰時期蘇聯提供的，其中甚至還有第二次世界大戰中活躍的T-34戰車。

至於主力則是T-54/55、T-62戰車，並沒有做過現代化改良，而且維修零件不足，導致妥善率降低。此外，還有步兵戰鬥車50輛、裝甲車500輛、火砲超過1700門、地對空飛彈200枚，和戰車一樣，數量很驚人，但是妥善率並不怎麼高。

BM-21多管火箭。 攝影：ARMY RECOGNITION

長期內戰中擔任核心的角色

瓜地馬拉陸軍 National Army of Guatemala

瓜地馬拉陸軍在1960年到1996年之間持續不斷的內戰中扮演重要的角色。1996年時，國內左派勢力集結為瓜地馬拉民族革命聯盟，並且停止內戰，所以陸軍兵力開始削減，並且追求裝備現代化。

現在的瓜地馬拉陸軍有現役1萬3444人、預備役6萬2000人，實戰部隊劃分為15個軍管區，以旅為基本單位。

陸軍並沒有配備戰車和步兵戰鬥車，裝甲車則是以美國製的犰狳式Armadillo裝甲車（美國稱為龍騎兵Dragoon300）為主力。

參觀犰狳式裝甲車的民眾。 攝影：瓜地馬拉國防部

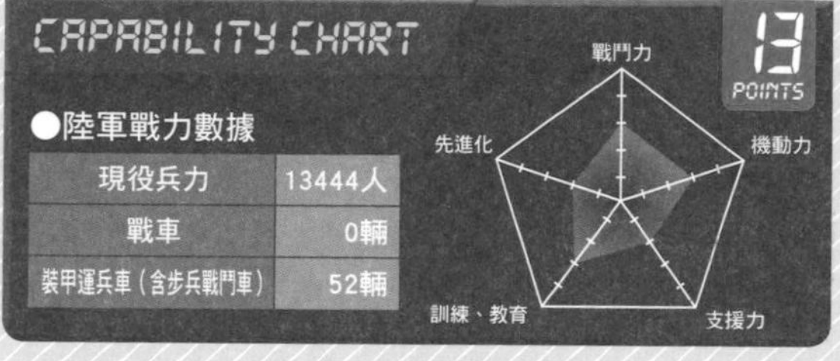

●陸軍戰力數據

現役兵力	13444人
戰車	0輛
裝甲運兵車（含步兵戰鬥車）	52輛

陸軍冷知識

以精良著稱的特種部隊「凱比雷斯Kaibiles」會參與聯合國的PKO任務，曾在剛果和當地武裝勢力交戰。

與販毒集團、黑道幫派交戰

牙買加國防軍 Jamaica Defence Force

牙買加國防軍的起源是英國殖民地時代成立的西印度團。

目前的國防軍總兵力有現役2500人、預備役877人。實戰部隊由牙買加團、工兵團、後備支援營、戰鬥支援營、軍樂隊等單位構成。

由於國防軍的主要任務是維持國內治安，因此沒有配備戰車和步兵戰鬥車，裝甲車則只有美國製V-150輪型裝甲車13輛，還有路華LandRover防衛者和路華巡航者等非裝甲車輛。

V-150突擊兵Commando四輪裝甲車。 攝影：牙買加國防軍

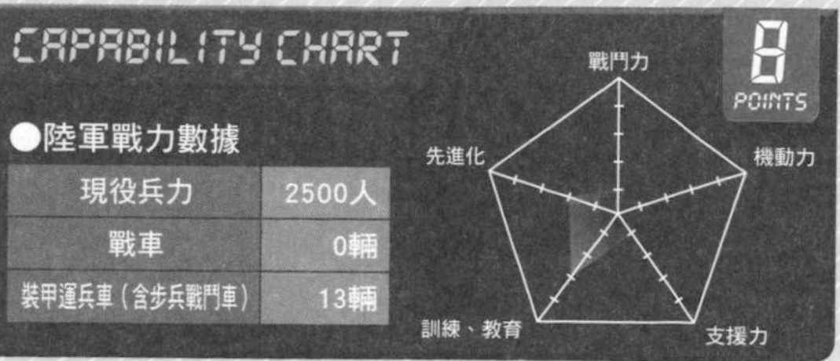

●陸軍戰力數據

現役兵力	2500人
戰車	0輛
裝甲運兵車（含步兵戰鬥車）	13輛

陸軍冷知識

牙買加曾經有意讓國防軍和準軍事組織保安隊整合在一起，但是被重視國防軍傳統的民眾反對，沒有實現。

Army Column 哥斯大黎加與多明尼加的防衛體制

哥斯大黎加準軍事組織
Fuerza Pública de Costa Rica

哥斯大黎加曾被日本護憲論者讚譽為「不需要軍隊的國家」，雖說哥斯大黎加確實沒有軍事戰力，但是並不是個反軍隊存在的國家。

哥斯大黎加在1948年時，在憲法中規定廢除常備軍，但是憲法中還是註明，緊急時可以徵兵組織軍隊，也認可和同盟國行使集團自衛權。

其實哥斯大黎加擁有市民警備隊和國境警備隊等，大約1萬人規模的準軍事組織。市民警備隊轄下的治安警備隊，地位和歐洲各國的國家警備隊相仿，備有特種部隊，用於反恐作戰和反游擊戰。而且，部隊中還配備了反戰車火箭彈。

攝影：哥斯大黎加準軍事組織

多明尼加國家警察
Policia Nacional Dominicana

多明尼加共和國除了陸海空軍之外，在內政部轄下還有1萬5000人規模的國家警察。國家警察屬於民政警察，和他國的國家憲兵隊等準軍事組織相比，軍事氣息比較淡，但是在維持治安、機場防衛任務方面，其實功能和他國的國家憲兵隊相仿。再者，取締毒品和反恐任務也都在責任範圍之內。

國家警察沒有配備重武器，只有手槍和衝鋒槍等輕武器。航空器則配備了OH-58A奇歐瓦Kiowa偵察直升機、AS-350B松鼠式Ecureuil多用途直升機，以及塞斯納Cessna172型小飛機各1架。

攝影：PresidenciaRD

加勒比海國家中數一數二的戰力

千里達及托巴哥國防軍 Trinidad and Tobago Defence Force

千里達及托巴哥國防軍的起源，和牙買加等國類似，都是英國殖民地時代創建的部隊。

千里達及托巴哥國防軍的基礎，是由海岸防衛隊和陸軍組合而成的千里達及托巴哥團。這個團轄下有3個步兵營、1個支援營。現在擁有現役兵力3000人。

軍中沒有戰車等戰鬥車輛，火砲也只有步兵能夠攜行的卡爾・古斯塔夫無後座力砲和L16A1迫擊砲。

沒有重武器的千里達及多巴哥國防軍。 攝影：千里達及多巴哥國防軍

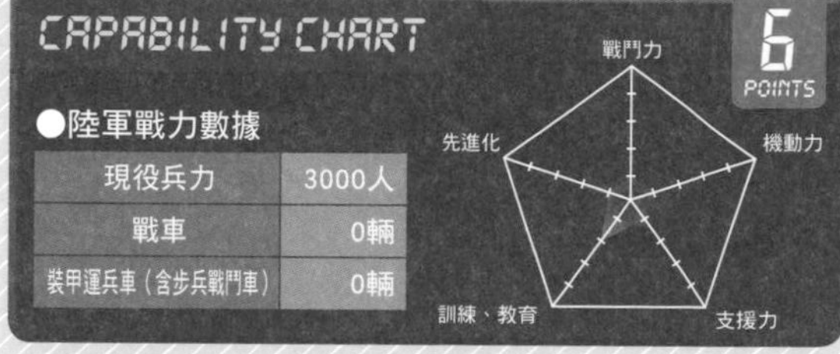

●陸軍戰力數據

現役兵力	3000人
戰車	0輛
裝甲運兵車（含步兵戰鬥車）	0輛

陸軍冷知識

千里達及托巴哥國防軍是全球唯一擁有鋼鼓（用油桶製成的打擊樂器）的軍樂隊。

經歷內戰後終於成為國家軍隊

尼加拉瓜陸軍 National Army of Nicaragua

1979年建立的桑定革命軍政權，在蘇聯的支援下擴充戰力，和美國支持的反革命游擊隊「Contra」爆發長期內戰，後來雙方協調停戰，到了1990年，戰力逐漸縮減，轉變成尼加拉瓜陸軍。

現在的尼加拉瓜陸軍有現役官兵1萬人，所有官兵都是志願軍。武裝車輛以革命政權時代，蘇聯提供的T-55戰車和BTR-152裝甲車為主力。不過，部隊中也有昔日「Contra」使用的以色列製加利步槍。

尼加拉瓜至今還維持現役的T-55戰車。 攝影：尼加拉瓜陸軍

CAPABILITY CHART 8 POINTS

●陸軍戰力數據

現役兵力	10000人
戰車	127輛
裝甲運兵車（含步兵戰鬥車）	166輛

戰鬥力、機動力、支援力、訓練、教育、先進化

陸軍冷知識

革命之後，尼加拉瓜和美國之間維持著緊張關係，直到2003年伊拉克戰爭時期，才派遣230名陸軍官兵加入聯軍。

巴拿馬與巴哈馬的防衛體制

巴拿馬國家保安部隊
Panama National Security Corps

從1903年獨立以來，巴拿馬共和國就沒有設立國家軍隊。到了1989年，美軍入侵巴拿馬，逮捕當時的獨裁者諾瑞加將軍，政府因此解體，現在的巴拿馬仍舊沒有軍陸。

現在的巴拿馬，相當於國家軍隊的是國家警察、海上保安隊、航空保安隊所組成的國家保安部隊。其中地面部隊國家警察的兵力有1萬1000人，由1個總統護衛營和1個武裝警察營構成。另外，雖然無法確認，但是據説配備有反恐特種部隊。巴拿馬沒有裝甲車和火砲，只有手槍、衝鋒槍等輕武器，搭配一般的非裝甲車輛。

攝影：巴拿馬國家警察

皇家巴哈馬國防軍
Royal Bahamas Defence Force

西印度群島中，巴哈馬的軍隊名為皇家巴哈馬國防軍，是個總兵力只有860人的小規模軍隊。島國巴哈馬的國防軍，當然是以海軍為主，並沒有設置陸軍。

其實巴拿馬並非沒有地面戰力，而是歸在海軍轄下，與船舶相關的特種作戰部隊。而且，海軍還備有陸戰隊，由500名兩棲作戰突擊兵Commando營構成。這個突擊兵營配備了M101 105mm榴砲、路華LandRover多用途四輪傳動車、M4卡賓槍等武器，並且接受英國陸戰隊與美國海軍海豹部隊SEALs的訓練。

突擊兵營雖然規模不大，但是曾以聯合國PKO部隊的身分，派往海地和薩爾瓦多。

攝影：ARMY RECOGNITION

小規模但擁有實戰經驗

貝里斯國防軍 Belize Defence Force

貝里斯國防軍起源於英國殖民地時代，當時創建的預備役部隊貝里斯義勇兵（國防義勇軍），和警察特別隊聯合之後，在獨立建國的3年之前的1978年創建成立國防軍。

這支部隊在貝里斯獨立地位尚未被國際認可前，曾經和鄰國瓜地馬拉發生數次小規模的戰鬥。

現在貝里斯國防軍的總兵力有現役1050人、預備役700人，轄下備有2個步兵營。除國防軍之外，還備有準軍事組織的國家警察隊。

接受M249班用機槍射擊訓練的士兵。　攝影：貝里斯國防軍

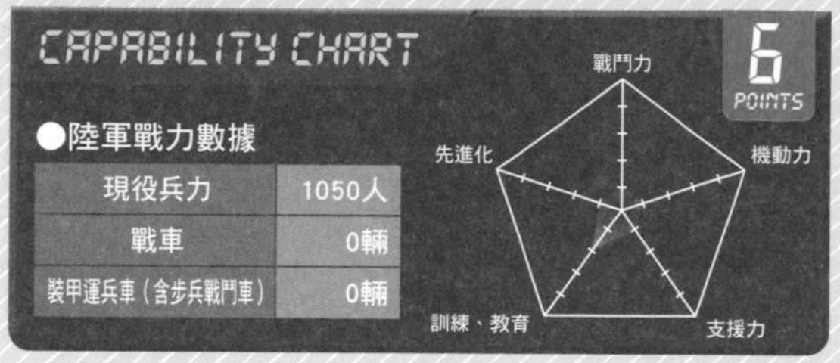

●陸軍戰力數據

現役兵力	1050人
戰車	0輛
裝甲運兵車（含步兵戰鬥車）	0輛

陸軍冷知識

貝里斯在獨立後，仍舊與英國維持深厚關係，英國陸軍會派遣40名官兵進駐，負責訓練貝里斯國防軍。

在歐美國家支援下強化戰力

宏都拉斯陸軍 Honduras Army

宏都拉斯從冷戰時期到現在，一直都歸屬於美國為首的自由主義陣營，因此宏都拉斯陸軍是在西方國家支援下加強戰力。

宏都拉斯在1994年廢除徵兵制，現在的宏都拉斯軍隊都是志願役官兵。陸軍現役兵力有8300人、預備役約有5萬5000人左右。

戰鬥車輛包括英國製蠍式輕戰車12輛，以及40輛英國製薩拉丁裝甲車，當作偵察車來使用。

與市民握手的宏都拉斯陸軍士兵。　攝影：ARMY RECOGNITION

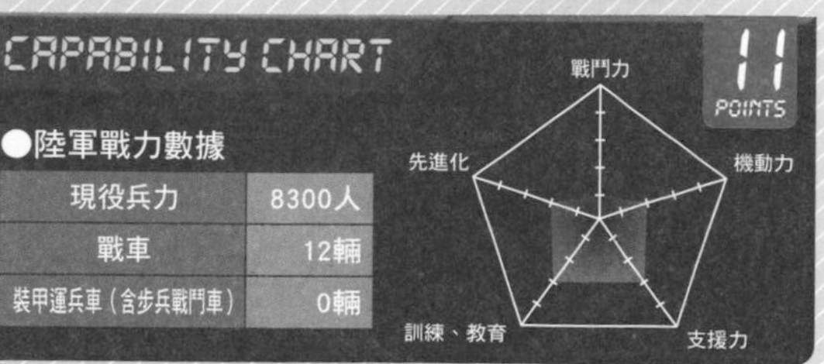

●陸軍戰力數據

現役兵力	8300人
戰車	12輛
裝甲運兵車（含步兵戰鬥車）	0輛

陸軍冷知識

冷戰時期，以色列陸軍也曾派駐在宏都拉斯，在這層關係下，宏都拉斯陸軍也引進了一些以色列製武器。

軍隊的格鬥術

從徒手到近身武器，各種各樣的格鬥術

現代陸軍採用槍械、火砲、戰車等硬體來從事戰鬥，但並不能因此認定近身肉搏戰不會發生，所以軍隊和準軍事組織的成員都要接受格鬥訓練。

以美國來說，陸軍步兵部隊才需要接受格鬥訓練，而陸戰隊等地面部隊則是一律接受格鬥訓練。至於格鬥術的評價，則是各軍不一。

一言以蔽之，一般士兵和特種部隊所接受的格鬥訓練大不相同。一般士兵的訓練比較著重於自衛防身，是最低限度的訓練。而特種部隊的格鬥術則是強調殺傷力，必須經歷長期且高度的訓練。

格鬥術不僅限於徒手（沒有任何武器），還包含近身武器的運用。

自衛官的徒手格鬥戰技相當於自衛隊格鬥術。

攝影：陸上自衛隊

專攻人體的要害，就能用最簡單的技法達到最大傷害。

攝影：美國陸軍

近身武器指的是棍棒或刀劍，甚至鐵鏟也包含在內。由於鐵鏟的攻擊距離比刀械更遠，而且鐵鏟非常堅固，使得俄羅斯軍發展出了鐵鏟的格鬥術。

徒手格鬥的技法，各國都不一樣。自衛隊有柔道和劍道的訓練，韓國有跆拳道訓練，幾乎每個國家都會研發出特有的步兵格鬥術。

攝影：智利陸軍

Section 7

全球161國陸軍戰力完整絕密收錄

南美洲

財政困難造成軍備老舊化

阿根廷陸軍

Argentine Army

陸軍冷知識

過去阿根廷陸軍握有極大的政治影響力，但是在福克蘭戰爭中戰敗之後，引來國內反政府勢力持續批判，結果政治影響力就愈來愈弱了。

阿根廷國產的VCTP步兵戰鬥車。　攝影：阿根廷陸軍

阿根廷陸軍的起源，是19世紀初為了對抗入侵的英軍而組織的民兵隊。

現在的阿根廷陸軍總兵力有現役3萬8500人、預備役7500人，由3個軍和防衛首都布宜諾斯艾利斯的第1步兵團所構成。過去曾採行徵兵制，但現在已經完全改用募兵制，陸軍兵力有逐漸減少的趨向。

阿根廷是南美洲唯一一個開發出國產戰車的國家。以這輛國產TAM戰車（200輛）、加上相同底盤開發的VCTP步兵戰鬥車（123輛），形成了阿根廷陸軍裝甲部隊的核心。

阿根廷陸軍的裝備逐漸老化，陸軍打算採購新裝備來替換，或是用改良的方式走向現代化，但是近年來經濟低靡、財政困難，使得現代化計畫難以推動。

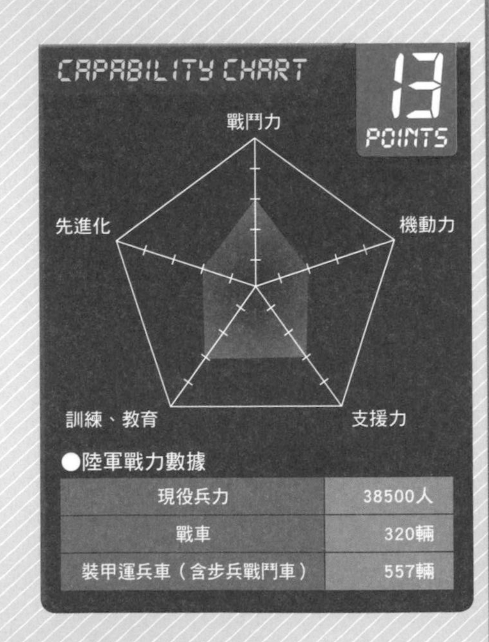

●陸軍戰力數據

現役兵力	38500人
戰車	320輛
裝甲運兵車（含步兵戰鬥車）	557輛

同時擁有東西兩陣營裝備的陸軍

烏拉圭陸軍

Uruguayan Army

陸軍冷知識

烏拉圭陸軍積極參與聯合國的PKO行動。從2003年派兵前往剛果算起，已經參加了12次PKO行動。

由捷克開發的OT-64輪型裝甲運兵車。 攝影：Thomas T.

烏拉圭陸軍的起源，是1810年為了從西班牙獨立出來而成立的民兵組織。

1828年烏拉圭終於成功獨立，於是民兵重新整編為陸軍，在內戰中非常活躍。曾投入1839年爆發的別名「大戰爭」的大規模內戰、鎮壓1960-70年代名為圖帕馬羅斯的城市游擊隊，都發揮出關鍵的戰力。

現在的烏拉圭陸軍有現役兵力1萬6891人，組成4個師和教育機構、後勤支援等單位。

戰車戰力包括了中東戰爭中，以色列從阿拉伯國家擄獲的T-55改良型「蒂朗Tiran」戰車、美國製的M41、M24戰車等。戰車之外，還有巴西製的輪型裝甲車、俄羅斯製自走砲、奧地利製步槍等，從許多國家引進了許多不同的裝備。

飛機的運用是交給空軍負責，不過陸軍還是配備了國產的UAV無人飛行載具，由陸軍操控運用。

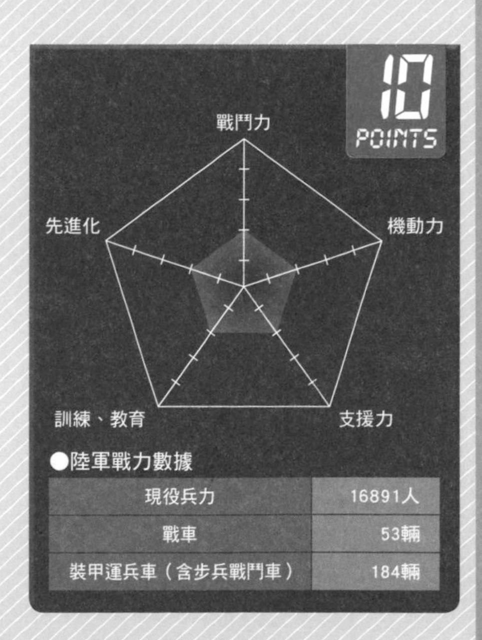

●陸軍戰力數據

現役兵力	16891人
戰車	53輛
裝甲運兵車（含步兵戰鬥車）	184輛

靠著歐系裝備來強化戰力

厄瓜多陸軍

Ecuadorian Army

陸軍冷知識

厄瓜多把專門從事兩棲作戰的海軍陸戰隊（兵力2160人）歸於海軍指揮，而不是在陸軍轄下。

巴西製EE-9六輪輪型裝甲車。 攝影：Kfir2010

厄瓜多陸軍的起源，可以追溯到1531年參與人民戰爭的武裝集團。正式成為陸軍則要等到1830年，因為領土問題和哥倫比亞及祕魯開戰的時候。

現在的厄瓜多陸軍隸屬於厄瓜多國防軍轄下，現役兵力4萬7000人、組成4個師、航空旅、工兵旅等單位。

在南美洲各國中，厄瓜多算是少數幾個以歐洲製武器做為主力裝備的國家。戰車採用德國製豹1式、俄羅斯製T-55、法國製AMX-13。直升機也是，有歐洲空中巴士直升機公司開發的AS532型和俄羅斯製的Mi-17直升機。

厄瓜多陸軍和南美各國一樣，都積極參與聯合國的PKO行動，曾派兵前往黎巴嫩、剛果、蘇丹、尼泊爾等國。

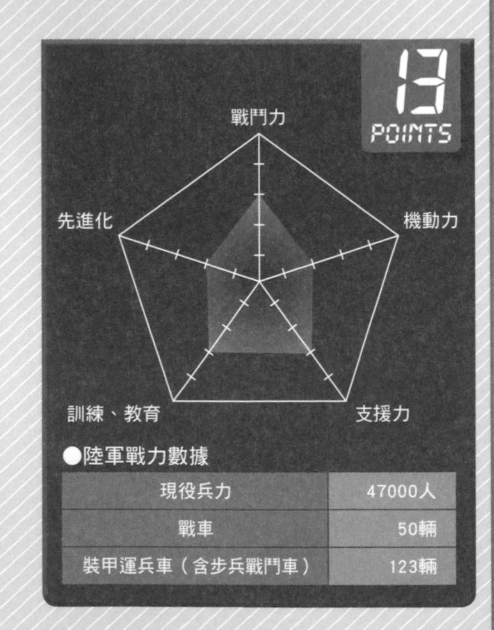

●陸軍戰力數據

現役兵力	47000人
戰車	50輛
裝甲運兵車（含步兵戰鬥車）	123輛

以「服務」為格言的陸軍

蓋亞那國防軍

Guyana Defence Force

ZPU-4 4聯裝牽引式防空機槍。 攝影：蓋亞那國防軍

陸軍冷知識

蓋亞那國防軍在獨立之後仍舊和宗主國英國維持友好關係，會派遣軍官前往桑德赫斯特皇家軍事學院接受訓練。

蓋亞那國防軍是1965年蓋亞那獨立時，由蓋亞那義勇軍和特別任務隊等，英國領地時期建立的武裝部隊結合而成的軍隊。

現在的蓋亞那國防軍擁有現役兵力900人、預備役500人。此外，還有1500人的民兵組織蓋亞那義勇軍。國防軍的地面部隊是由1個步兵營、1個工兵營、1個特種作戰連、總統護衛隊等單位構成。

看兵力就明白，蓋亞那國防軍算是極小規模的部隊。戰鬥用車輛只有巴西製EE-9響尾蛇Cascavel輪型裝甲車12輛，火砲只有M-46 130mm榴砲6門和一些迫擊砲，僅此而已。

蓋亞那國防軍擁有的人員和器材有義務協助國民提升經濟，因此國防軍的格言是「服務」，主要任務除了國防之外，也包括整建一般公路和飛機跑道等公共事務。

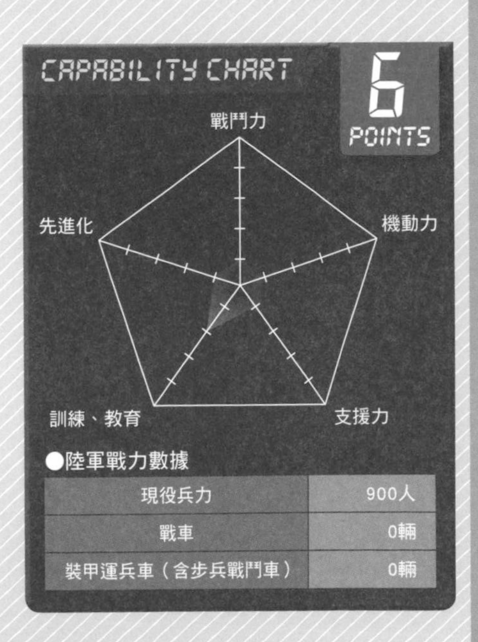

●陸軍戰力數據

現役兵力	900人
戰車	0輛
裝甲運兵車（含步兵戰鬥車）	0輛

長期與販毒集團交戰的陸軍

哥倫比亞陸軍

National Army of Colombia

陸軍冷知識

哥倫比亞陸軍在21世紀初曾計畫要引進法國陸軍的AMX-30戰車，但由於政治和經濟等因素無法達成交易。

搭載90mm砲的EE-9輪型裝甲車。 攝影：哥倫比亞陸軍

哥倫比亞陸軍的正式創建時間是1819年，前身可以追溯到1770年編組的武裝組織。

哥倫比亞陸軍的對外戰爭經驗並不多，但是長期以來，對抗哥倫比亞革命軍等左派游擊隊，以及麥德林販毒集團，讓陸軍反游擊戰與非正規戰能力大幅提升。

哥倫比亞採用徵兵制，現在備有現役兵力18萬3000人，由7個師、快速部署部隊、特種作戰旅所構成。在陸軍中還設有因應左派游擊隊擄人勒贖的專門部隊。

哥倫比亞陸軍已經專業化成為專門對付游擊隊和販毒集團的單位，所以陸軍並沒有配備戰車，不過有進口巴西製EE-9和衍生款輪型裝甲車，以及UH-60L等各式直升機，戰力相當充實。

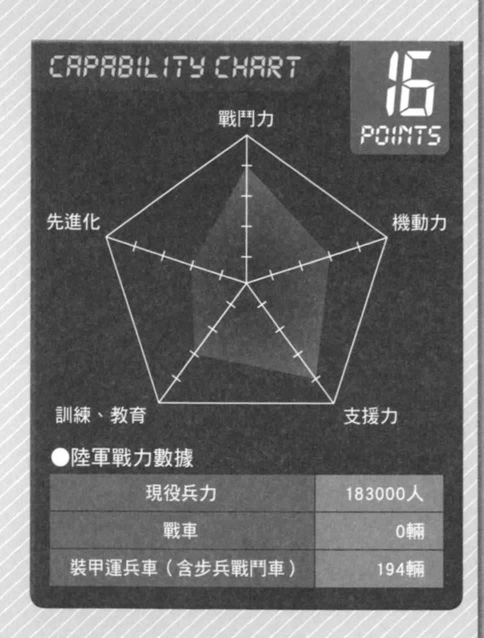

●陸軍戰力數據

現役兵力	183000人
戰車	0輛
裝甲運兵車（含步兵戰鬥車）	194輛

接受三國支援的陸軍

蘇利南陸軍

Suriname National Army

EE-9六輪輪型裝甲車，是一款火力支援用輪型裝甲車。 攝影：Nardisoero

蘇利南陸軍原本是殖民地時代由荷蘭創建的「蘇利南部隊」，在獨立後改編為國防軍，就此誕生。1980年時，軍方發起政變，改朝換代之後，軍方將國防軍改名為國家陸軍（Nationaal Leger），一直持續到現在。

現在的蘇利南陸軍擁有陸上兵力900人，旗下分割成1個騎兵連、1個步兵連、1個憲兵連等單位。

蘇利南陸軍的主要任務是維持國內治安，所以沒有配備戰車等重型戰鬥車輛。裝甲車方面則是備有6輛巴西製EE-9、15輛EE-11。火砲則是以迫擊砲為主。

蘇利南陸軍除了有前宗主國荷蘭的支援，還有美國、中國的援助。荷蘭提供了主要裝備，美國提供了軍官教育訓練，中國則是提供裝備與後勤建設。

●陸軍戰力數據

現役兵力	900人
戰車	0輛
裝甲運兵車（含步兵戰鬥車）	15輛

陸軍冷知識

1980年發生的政變，是由陸軍所挑起。政變後誕生的國家軍事評議會決定向蘇聯和古巴靠攏，因此有一段時期荷蘭暫停了軍事援助。

運用銅礦收益來推動現代化的陸軍

智利陸軍

Chilean Army

陸軍冷知識

智利陸軍經歷過長年的獨裁統治，陸軍出身的皮諾契特總統靠著陸軍的支援穩固政權。後來改革為文官政權，陸軍受到民眾批判，現在則是逐漸邁向和解。

美國製的M113裝甲運兵車。　攝影：智利陸軍

智利陸軍是1810年由智利自治政府國民會議所創建，之後脫離西班牙獨立之後，就成為正式的國家軍隊，曾經和祕魯、玻利維亞聯軍打過兩次仗，也擁有內戰的經驗。

現在的智利陸軍備有總兵力4萬5000人，其中1萬2700人是徵兵而來。實戰部隊包含有地面作戰司令部、訓練準則司令部、部隊支援司令部等單位。地面作戰司令部則是由6個師、特種作戰旅、航空旅所構成。

直到最近，智利都把銅礦收益的10%用於軍隊，而且有法源依據，稱為銅機密法，在全球算是很特殊的法律。因為這些收益，智利陸軍可以走向現代化，充實裝備。陸軍配備了中古的德國製豹2A4戰車（140輛）、貂鼠式Marder步兵戰鬥車（200輛）、獵豹式Gepard防空砲車（30輛）、食人魚Piranha輪型裝甲車（300輛），算的上是南美洲排名第一的戰鬥車輛大國。

●陸軍戰力數據

現役兵力	45000人
戰車	339輛
裝甲運兵車（含步兵戰鬥車）	665輛

直到現在還有現役的M4雪曼戰車？

巴拉圭陸軍

Paraguayan Army

在閱兵中行進的M3輕戰車，這已經算是古董級了。　攝影：Rolgiati

巴拉圭陸軍在1932年的大廈谷戰爭中，擊敗了裝備較強的玻利維亞軍隊，從此加強了政治影響力。到了2008年，巴拉圭轉為民主政權，此後就朝著裁軍的方向前進。現在陸軍的任務是維護國內治安、提供國際貢獻，組織一個與國力相當的部隊。

現在的巴拉圭陸軍有現役兵力7600人，其中有1500人是徵兵。轄下有3個軍、砲兵群、通訊營、軍事訓練準則等單位。陸軍之外，還有準軍事組織的1萬名特別警察。

現在巴拉圭陸軍配備的戰車，包含了M4雪曼戰車和M3斯圖亞特輕戰車等第二次世界大戰時製造的戰車。雖然有許多資料提到這些戰車仍舊在現役當中，但是實際上能否運作還是令人懷疑。火砲有M101 105mm榴砲，同樣也是舊式武器。由於巴拉圭並沒有特定的威脅，因此沒有汰換武器的計畫。

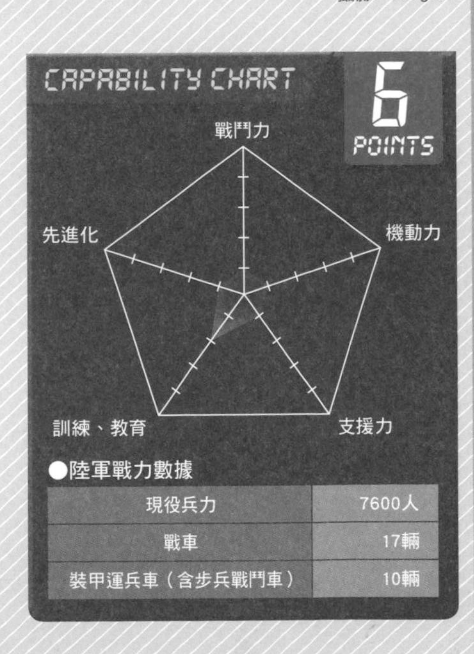

●陸軍戰力數據

現役兵力	7600人
戰車	17輛
裝甲運兵車（含步兵戰鬥車）	10輛

陸軍冷知識

巴拉圭陸軍和阿根廷陸軍、智利陸軍類似，對左派勢力發動軍事行動。之後政府民主化，軍方就經常遭到民眾批判。

戰力很強、南美洲最大的陸軍

巴西陸軍

Brazilian Army

陸軍冷知識

1949年時，巴西曾發現一條全長55m、重達5噸的森蚺，當時派遣陸軍射擊500多發步槍子彈才制伏這條巨蛇。

訓練中的M109 155mm自走砲。

攝影：巴西陸軍

巴西陸軍備有現役兵力19萬人，是南美洲規模最大的陸軍。巴西採取徵兵制，19萬兵力中有7萬人是徵兵。

陸軍轄下區分為8個區域（指揮部），區域（指揮部）各有各的防衛區。

主力戰車採用德國製的豹1式（378輛），EE-3、EE-9、EE-11、Astros多管火箭是巴西國產武器，M113裝甲車是美國製裝備，這些構成了陸軍的核心。直升機則是由巴西國營直升機廠商Heliplus和空中巴士直升機公司合作，目前已經製造出EC725、AS532等機種，這些國產直升機占了大多數。

兵員人數、裝備數量都很充足的巴西陸軍，由於國防預算不足，造成了更新老舊裝備和武器現代化的計畫受阻。至於配備中的武器，據說也有妥善比率下降的問題。

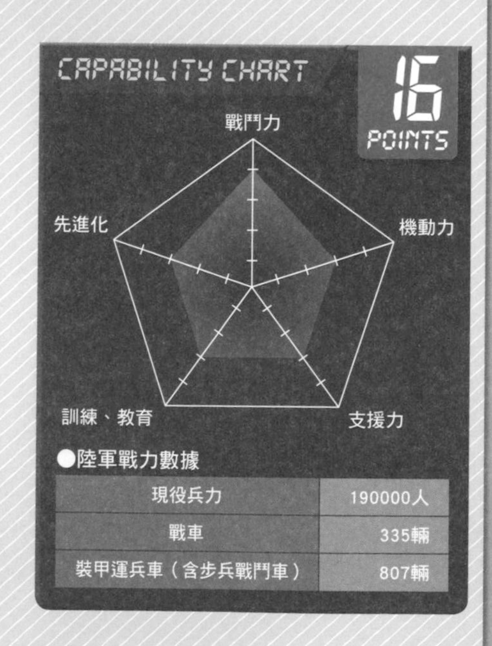

●陸軍戰力數據

現役兵力	190000人
戰車	335輛
裝甲運兵車（含步兵戰鬥車）	807輛

查維茲執政時期配備大量俄羅斯製裝備

委內瑞拉陸軍

Venezuelan Army

掛滿爆炸反應裝甲的T-72B1V戰車。 攝影：Agrenalvenrusia

陸軍冷知識

委內瑞拉原本打算要向俄羅斯購買T-80戰車，但是T-80的耗油量超乎預期，所以轉而採購T-72B1V戰車。

委內瑞拉陸軍的總兵力有現役6萬3000人、預備役8000人，看來並不是特別多，不過委內瑞拉有生產外銷原油，使得該國財政較其他南美洲國家更富裕，陸軍武器也因此相當充實。

陸軍由3個步兵師、1個裝甲師、1個叢林步兵師、1個空中機動／摩托化騎兵師、1個傘兵空降旅所構成。

委內瑞拉陸軍配備了法國製AMX-30戰車、英國製蠍式輕戰車等歐式裝備。後來標榜反美的查維茲總統轉向朝俄羅斯靠攏，採購了俄羅斯製T-72B1V戰車和9K330地對空飛彈等武器，因此近年來俄羅斯製裝備日漸增加。

直升機方面也是一樣，過去都是以美國的貝爾412為主力，但查維茲總統執政時引進了Mi-35M-2攻擊直升機。

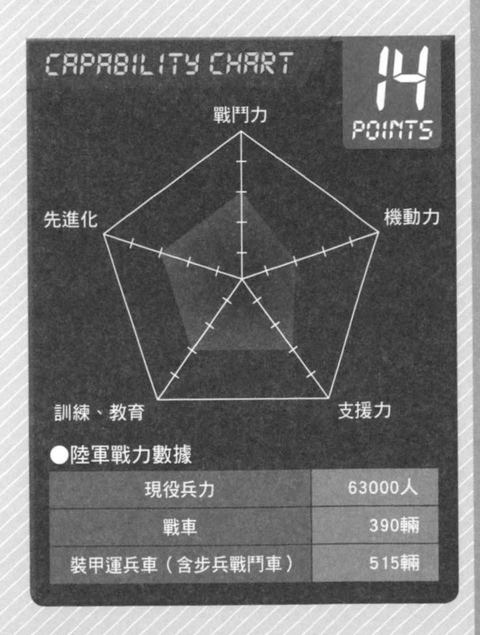

●陸軍戰力數據

現役兵力	63000人
戰車	390輛
裝甲運兵車（含步兵戰鬥車）	515輛

創建以來累積很多戰鬥經驗

祕魯陸軍

Peruvian Army

陸軍冷知識

祕魯陸軍自創建以來就採用徵兵制，後來鎮壓了光明之路游擊隊，和鄰國厄瓜多簽訂和平條約，威脅逐漸減少，於是在2000年停止徵兵制，改採志願役。

在阿他加馬沙漠上行進的祕魯陸軍裝甲部隊。 攝影：祕魯陸軍

祕魯在1821年獨立建國的同時，也創設了祕魯陸軍。曾和哥倫比亞、厄瓜多發生戰爭，1996年爆發日本駐祕魯大使館被占領事件，祕魯軍方從名為光明之路的極左派游擊隊手中救出人質，這些都是祕魯得到的戰鬥經驗。

現在的祕魯陸軍總兵力有現役7萬8400人、預備役18萬8000人。軍區設在北部、中部、東部、南部，以及經常與販毒集團交戰的普拉耶地區這5處，各自有陸軍實戰部隊駐守。

1947年，在美國主導下，祕魯加入了美洲共同防衛條約，因此美製裝備相當充足。但是1968年政變之後，開始向蘇聯靠攏，取得了T-55戰車（300輛）、BRDM-2輪型裝甲車（30輛）、Mi-17運輸直升機（17架）等蘇聯（俄羅斯）製裝備。另外還引進德國製的UR-416輪型裝甲車等歐洲製裝備，這些就是祕魯現在的主力。

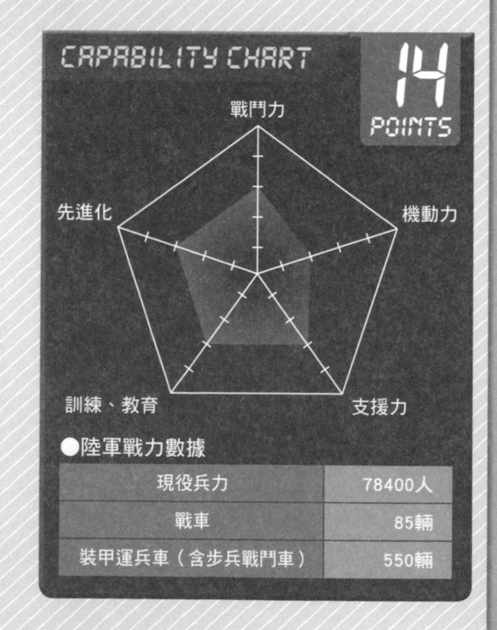

●陸軍戰力數據

現役兵力	78400人
戰車	85輛
裝甲運兵車（含步兵戰鬥車）	550輛

採用小眾化裝備的陸軍

玻利維亞陸軍

Bolivian Army

參加閱兵典禮的EE-9響尾蛇Cascavel裝甲車。　攝影Israel_soliz

玻利維亞陸軍擁有現役官兵3萬4800人、預備役2萬5000人，算是中等規模的陸軍，由10個師所構成。不過一般來說，「師」是兵員超過1萬人的部隊，但玻利維亞陸軍的「師」只有1000人左右。

除了陸軍以外，玻利維亞另外備有維持國內治安的3萬名國家警察，以及隸屬於海軍的1700名陸戰隊。

玻利維亞陸軍的裝備，有不少是他國難得一見的小眾化裝備。比方說裝甲戰力的核心SK-105胸甲騎兵式Kürassier輕戰車，是參考非常暢銷的法國原裝AMX-13，由奧地利紹爾工廠改良開發的輕戰車，全球只有奧地利與玻利維亞等7個國家採用。另外，還有瑞士開發的羅蘭Roland輪型裝甲車，全球只有瑞士等6國採用。

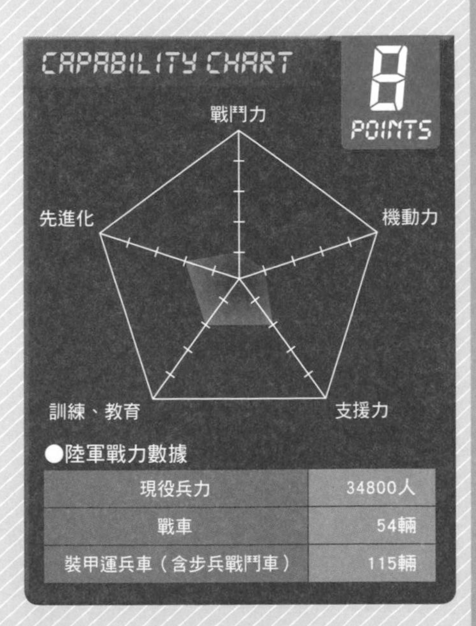

●陸軍戰力數據

現役兵力	34800人
戰車	54輛
裝甲運兵車（含步兵戰鬥車）	115輛

陸軍冷知識

在中南美洲各國陸軍之中，玻利維亞陸軍算是少數的左派。陸軍發起政變後，建立新政權，收回那些被外國公司收購的礦山，改為國營化。

軍隊的編制

自衛隊紀念日的部隊分列式。　攝影：陸上自衛隊

區分為9種的陸軍部隊單位

近代陸軍，採用的是軍團—軍—師—旅—團—營—連—排—班的分級單位。

雖然各國的各級單位配屬的兵力不見得一樣，但一般來說，1個軍團是由2個以上的軍或是師所組成，總兵力達到5-6萬人。軍團的下一級單位是軍，轄下有2個以上的師。每個師則是由2-4個旅構成，前者兵力在1-2萬人，後者則是超過3萬人。

旅是由2個以上的團或是營組成，兵力約2000-5000人。旅的下級單位是團，每個團有超過1個營或多個連組成。每個營由2-6個連組成，前者兵力有300-1000人，後者則有500-5000人。

每個連有兵力60-250人，區分為2個以上的排。每個排有兵力30-60人，劃分為2個以上的班。至於最小單位的班，則是由8-12人組成。

進入20世紀之後，旅、團、營等編制日益受到重視。

到了冷戰結束後，軍隊為了加強對抗非正規戰的能力，不再編組軍團、軍、師等單位，而是傾向以旅級以下的中、小規模單位做為部隊主幹，並且加強小部隊的打擊力。

中國人民解放軍士兵。

攝影：澳大利亞陸軍

Section 8

全球161國陸軍戰力完整絕密收錄

大洋洲

在美國支援下強化的陸軍

澳大利亞陸軍

Australian Army

陸軍冷知識

澳洲的海軍和空軍因為是英國國王的軍隊，所以冠上了「皇家Royal」稱號。但是陸軍和英國一樣，沒有加上「皇家」二字。

採用OZ迷彩塗裝的蝮蛇裝甲車。　攝影：澳洲陸軍

澳大利亞（澳洲）陸軍是在1901年成形，在此之前，澳洲只有英國殖民地軍隊在駐守。

澳洲陸軍從殖民地軍隊時代起，就接受宗主國英國之命投入眾多戰爭。二戰結束後，又陸續投入韓戰、越戰、波灣戰爭、伊拉克戰爭。

澳洲距離歐洲很遠，和亞洲大陸的強權日本、美國隔著太平洋和印度洋遙遙相對，所以第二次世界大戰之前的澳洲陸軍，規模並不大。

二戰爆發後，日本入侵新幾內亞，澳洲眼看要變成下一個侵略目標，這時視為太平洋戰線反擊據點的澳洲，才得到美國支援，大幅強化陸軍戰力。

現在的澳洲陸軍備有現役兵力3萬235人、預備役3萬人。就國土面積來說，兵力

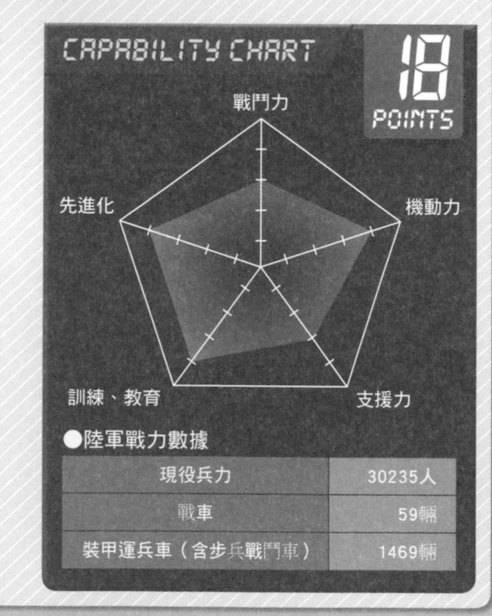

●陸軍戰力數據

現役兵力	30235人
戰車	59輛
裝甲運兵車（含步兵戰鬥車）	1469輛

澳洲陸軍致力於和日本陸上自衛隊強化關係，預定要參加2014年11月在日本東北地方舉行的大規模災害救難訓練。

以25mm鏈砲射擊目標的ASLAV裝甲車。 攝影：澳洲陸軍

實在很少。

現役部隊由3個旅組成的1個師、負責通訊與偵搜的1個旅、負責後方支援的1個旅、還有1個航空旅與特種作戰群所構成。

特種作戰群轄下有澳洲SAS團，在伊拉克與阿富汗都非常活躍，實力甚至強過歐美國家的同等級部隊。

近年來，中國的軍事力量日漸強大，一向與美國和日本等亞洲自由主義國家友好的澳洲陸軍，除了和各國軍事合作關係外，還進一步加強了水陸兩棲作戰能力。

車輛包括M1艾布蘭戰車（59輛）、ASLAV輪型裝甲車（257輛）、M113裝甲車（700輛）等美國製武器，還擁有國產的蝮蛇Bushmaster裝甲車1000多輛。

蝮蛇裝甲車是防地雷能力很強的四輪傳動輪型裝甲車，英國和荷蘭也有採購。

日本陸上自衛隊則預定要購買4輛（註6），用於保護海外的日本人。

在阿富汗投入戰鬥任務的ASLAV裝甲車。 攝影：澳洲陸軍

陸軍冷知識

紐西蘭陸軍常和澳洲陸軍協同行動，有時會編組成名為ANZAC的聯軍（部隊）。

現在是小規模卻實戰經驗豐富的陸軍

紐西蘭陸軍 New Zealand Army

紐西蘭陸軍曾經以英國殖民地軍隊的身分投入南非戰爭、第一次、第二次世界大戰。

獨立建國後，又派兵參與韓戰、越戰、伊拉克戰爭。現在的紐西蘭陸軍有現役兵力4500人、預備役約2000人，現役部隊轄下有以2個戰鬥群組成的1個基幹旅、加上特種作戰群所構成，主要任務是防衛國家安全、參與海外的維和行動。

裝備方面沒有配備戰車，但是備有很類似澳洲陸軍ASLAV的輪型裝甲車NZLAV（105輛），構成裝甲部隊主力。

以食人魚式為原型開發的NZLAV輪型裝甲車。 攝影：紐西蘭陸軍

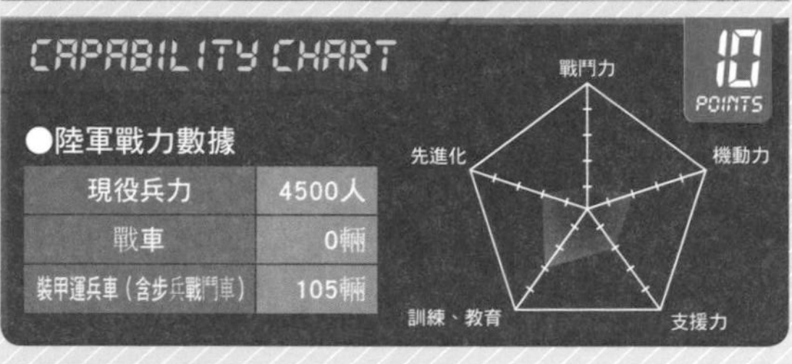

●陸軍戰力數據

現役兵力	4500人
戰車	0輛
裝甲運兵車（含步兵戰鬥車）	105輛

陸軍冷知識

國防軍地面部隊和布甘維爾革命軍的戰爭陷入拉鋸戰，政府徵召英國傭兵投入戰場，結果軍方覺得很沒面子，因此爆發政變。

以維持治安和反游擊戰為目標的小規模陸軍

巴布亞新幾內亞國防軍地面部隊 Papua New Guinea Defence Force Land Element

巴布亞新幾內亞陸軍的正式名稱是國防軍地面部隊。1975年獨立之後，前宗主國澳大利亞就把以前的派遣部隊裝備移交給地面部隊了。

現在國防軍地面部隊有現役兵力2500人，組成2個營、工兵部隊、醫療部隊等單位。

獨立後的巴布亞新幾內亞，發生了布甘維爾革命軍獨立事件，經常造成武力糾紛，所以國防軍的主要任務是維持國內治安。

手持步槍整隊前進的士兵們。 攝影：巴布亞新幾內亞國防軍地面部隊

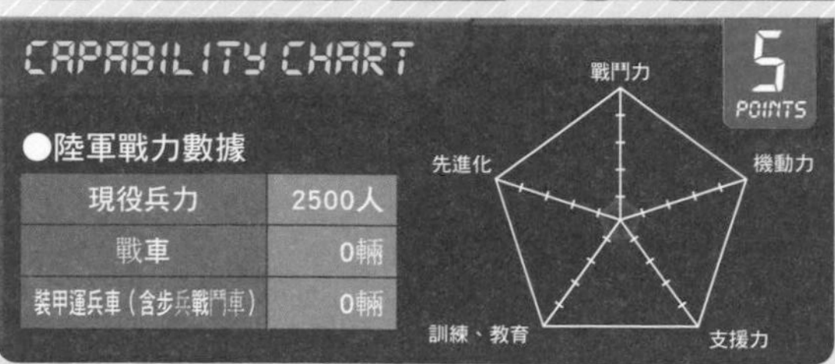

●陸軍戰力數據

現役兵力	2500人
戰車	0輛
裝甲運兵車（含步兵戰鬥車）	0輛

基於日內瓦條約而制訂的軍隊階級

與戰爭相關的國際法日內瓦條約中，把軍人的階級區分為官、士、兵三級，幾乎所有的國家都這樣區分階級。

官（軍官）是受過統御指揮訓練的軍人，區分為將官、校官、尉官三級。陸軍的將官是指揮旅級以上的部隊，將官又可細分為上將、中將、少將、准將四個等級。而在上將之上，還有「元帥」的階級（或稱號）。

校官是指揮營級以上的部隊，細分為上校、中校、少校三個等級。尉官指揮連級以下的部隊，細分為上尉、中尉、少尉三個等級。另外還有個階級叫准尉，准尉通常是高階的士官，待遇也與高階的士官相同，但是准尉已經被列入尉官等級，不再是士官了。

士（士官）要在軍官指揮下，代替軍官執行指揮權，還要監督管理士兵。一般國家把士官區分成士官長、士官、伍長三個等級。至於沒有指揮權限的是一般士兵。雖然有分成上等兵、一兵、二兵的階級，但是並沒有指揮權，階級只是薪俸高低的標準罷了。

階級章（以美軍為例）

軍官												
名稱	大元帥	元帥	上將	中將	少將	准將	上校	中校	少校	上尉	中尉	少尉
階級章												

准士官					
名稱	特級准尉	1級准尉	2級准尉	3級准尉	4級准尉
階級章					

士官・兵													
名稱	總士官長	特級士官長	上級士官長	資深士官長	士官長	一等士官	二等士官	士官	伍長	專業士官	一等兵	二等兵	新兵
階級章													沒有階級章

●本書使用的參考文獻與主要網站

各國軍方網站／各國國防部（防衛省）網站／各國外交部（外務省）網站／各武器廠商網站／各新聞網站／Wikipedia／Global Security／United Nations／NATO／African Union／THE MILITARY BALANCE／防衛白皮書／月刊軍事研究／月刊PANZER／東亞軍事情勢完全導覽／人民解放軍／圖說詳解美國陸戰隊／新・世界的主力戰車型錄／其他資料等

國家圖書館出版品預行編目資料CIP

世界陸軍圖鑑：全球161國陸軍戰力完整絕密收錄! / 竹內修著；
許嘉祥譯. -- 初版. -- 新北市：大風文創股份有限公司, 2024.05
面； 公分.)
譯自：全161か国 これが世界の陸軍力だ!
ISBN 978-626-98000-6-3(平裝)

1.CST:陸軍

596 113003103

軍事館 007

世界陸軍圖鑑：全球 161 國陸軍戰力完整絕密收錄！【暢銷好評版】

作者／竹內 修
譯者／許嘉祥
審訂／宋玉寧
特約編輯／劉素芬
主編／張郁欣
美術設計／亞樂設計有限公司
排　　版／林鳳鳳
出版企劃／月之海
發行人／張英利
行銷發行／大風文創股份有限公司
電話／(02)2218-0701　傳真／(02)2218-0704
E-mail／rphsale@gmail.com
Facebook／大風文創粉絲團
www.facebook.com/rainbowproductionhouse
地址／231新北市新店區中正路499號4樓

台灣地區總經銷／聯合發行股份有限公司
電話／(02)2917-8022
傳真／(02)2915-6276
地址／231新北市新店區寶橋路235巷6弄6號2樓

港澳地區總經銷／豐達出版發行有限公司
電話／(852)2172-6513　傳真／(852)2172-4355
E-mail／cary@subseasy.com.hk
地址／香港柴灣永泰道70號柴灣工業城第二期1805室

ISBN／978-626-98000-6-3
初版一刷／2024.05
定價／新台幣380元

【附錄】

P21

註1 解放軍已於2016年2月將七大軍區改編為五大戰區。

P25

註2 韓國K2戰車、K21步兵戰鬥車已服役。

註3 韓國KUH-1「完美雄鷹」直升機已開始服役。

P28

註4 國軍於2018年由徵兵制改為募兵制。

P49

註5 事實上美國陸軍仍擁有少量特殊用途的定翼機。

P189

註6 陸上自衛隊已採購、服役。